普通高等应用型院校"十二五"规划教材

软件测试基础教程
（第二版）

主　编　杜文洁　王占军　高　芳

副主编　高为民　罗　旭　刘　冰　周　颖

中国水利水电出版社
www.waterpub.com.cn

内 容 提 要

软件测试技术是软件产业发展的重要因素，它对保障软件产品质量有着举足轻重的作用。本书详尽地阐述了软件测试基础知识及其相关的实用技术，内容包括软件测试的基础理论、软件测试方法、软件测试流程、软件测试环境的搭建、黑盒测试实例设计、白盒测试实例设计、软件测试计划与文档、软件自动化测试、面向对象的软件测试、Web 网站测试和云计算对软件测试的影响。本书结合教学实例突出基本知识和基本概念的表述，注重内容的先进性、系统性和实用性，力求反映软件测试发展的最新成果。将测试与软件工程密切结合，使读者可以更好地理解和掌握软件测试的内容，并迅速地运用到实际测试工作中去。

本书可作为高等院校计算机相关专业的软件测试课程教材，也可作为软件测试技术学习和提高的培训教材，亦可供从事软件开发和软件测试工作的技术人员参阅。

本书配有电子教案，读者可以到中国水利水电出版社网站和万水书苑上免费下载，网址为 http://www.waterpub.com.cn/softdown/和 http://www.wsbookshow.com。

图书在版编目（C I P）数据

软件测试基础教程 / 杜文洁，王占军，高芳主编
. -- 2版. -- 北京：中国水利水电出版社，2016.1（2018.1重印）
普通高等应用型院校"十二五"规划教材
ISBN 978-7-5170-3972-3

Ⅰ. ①软… Ⅱ. ①杜… ②王… ③高… Ⅲ. ①软件－
测试－高等学校－教材 Ⅳ. ①TP311.5

中国版本图书馆CIP数据核字(2015)第321330号

策划编辑：石永峰　　责任编辑：张玉玲　　加工编辑：孙 丹　　封面设计：李 佳

书　　　名	普通高等应用型院校"十二五"规划教材 **软件测试基础教程（第二版）**
作　　　者	主　编　杜文洁　王占军　高　芳 副主编　高为民　罗　旭　刘　冰　周　颖
出版发行	中国水利水电出版社 （北京市海淀区玉渊潭南路 1 号 D 座　100038） 网址：www.waterpub.com.cn E-mail: mchannel@263.net（万水） 　　　　sales@waterpub.com.cn 电话：（010）68367658（发行部）、82562819（万水）
经　　　售	北京科水图书销售中心（零售） 电话：（010）88383994、63202643、68545874 全国各地新华书店和相关出版物销售网点
排　　　版	北京万水电子信息有限公司
印　　　刷	三河市鑫金马印装有限公司
规　　　格	184mm×260mm　　16 开本　　13.25 印张　　324 千字
版　　　次	2008 年 3 月第 1 版　　2008 年 3 月第 1 次印刷 2016 年 1 月第 2 版　　2018 年 1 月第 2 次印刷
印　　　数	3001—6000 册
定　　　价	27.00 元

第二版前言

本书第一版出版以来，读者反映效果良好。近年来，国内的软件测试技术日益完善和成熟，就业市场对高水平的软件测试人才需求量日益增大。为了进一步深化软件测试课程的教学改革，培养高质量的软件测试人员，在听取行业专家和读者意见的基础上，结合各高等院校软件测试课程的实际教学情况，编写了软件测试基础教程（第二版）。

本书第二版主要基于第一版内容的基础上，增加了一些内容。在结构安排上遵循系统化和简明化原则，由浅入深、层层推进，达到好教易学的效果。在语言表述上注重理论通俗易懂，例子形象实用，使学生将理论知识与实际应用充分结合。

本书共分 11 章，系统地介绍了软件测试的主要内容，具体分布如下：

第 1 章 软件测试的基础理论。介绍了软件测试的相关理论、生命周期，以及软件测试与软件开发的关系。

第 2 章 软件测试方法。概括介绍了软件测试的相关方法，具体介绍了两组测试方法，分别是静态测试与动态测试、黑盒测试与白盒测试。

第 3 章 软件测试流程。介绍了软件测试的复杂性与经济性分析。描述了软件测试的流程和策略，其中包括单元测试、集成测试、确认测试、系统测试和验收测试 5 个测试阶段。

第 4 章 软件测试环境的搭建。介绍了测试环境的作用、要素，描述了如何搭建测试实验室及其日常管理和维护。

第 5 章 黑盒测试实例设计。介绍了等价类划分法，边界值分析法，决策表法，因果图法以及黑盒测试综合用例。

第 6 章 白盒测试实例设计。介绍了逻辑覆盖测试，路径分析测试，其他白盒测试方法以及白盒测试综合用例。

第 7 章 软件测试计划与文档。详细阐述了测试计划的制定、测试文档的主要内容和软件生存周期各阶段的测试任务与可交付的文档，列举了测试用例、测试总结报告的设计内容。

第 8 章 软件自动化测试。介绍了软件自动化测试、自动化测试的设计与开发以及常用的自动化测试工具。

第 9 章 面向对象的软件测试。主要介绍了面向对象测试与传统测试的区别、面向对象的测试方法以及类测试。

第 10 章 Web 网站测试。介绍了 Web 网站的测试、功能测试、性能测试、安全性测试、导航测试、配置和兼容性测试以及数据库测试。

第 11 章 云计算对软件测试的影响。介绍了云计算及云测试的概念；分析了云测试的优势；阐述了云计算与云测试的发展对软件测试发展的影响。

本书由杜文洁、王占军、高芳任主编，高为民、罗旭、刘冰、周颖任副主编，另外，周功、杨柠、李虹等参与了部分内容的编写。全书由杜文洁统稿完成。

由于作者水平和时间有限，书中难免出现一些疏漏，请读者批评指教。

作 者
2015 年 10 月

目　　录

第 1 章　软件测试的基础理论

本章概述

介绍了软件测试的发展历史及其现状，软件测试的定义、测试目的、测试原则、测试的生命周期，阐述了软件测试与软件开发的关系。

1.1　软件测试的含义

软件的质量就是软件的生命，为了保证软件的质量，人们在长期的开发过程中积累了许多经验并形成了许多行之有效的方法。但是借助这些方法，我们只能尽量减少软件中的错误和不足，却不能完全避免所有的错误。

在开发软件的过程中，人们使用了许多保证软件质量的方法分析、设计和实现软件，但难免还会在工作中犯错误。这样，在软件产品中就会隐藏许多错误和缺陷。对于规模大、复杂性高的软件更是如此。在这些错误中，有些是致命的错误，如果不排除，就会导致生命与财产的重大损失。

由于"软件是人脑的高度智力化的体现和产品"这一特殊性，不同于其他科技和生产领域，因此软件与生俱来就有可能存在着缺陷。如何防止和减少这些可能存在的问题呢？那就是进行软件测试。测试是最有效的排除和防止软件缺陷与故障的手段，并由此促进了软件测试理论与技术实践的快速发展。

正如食品生产厂家在把产品销售给商家之前要进行合格检验一样，软件企业在把软件提交给客户之前也需要进行严格的测试。如果把所开发出来的软件看作一个企业生产的产品，那么软件测试就相当于该企业的质量检测部分。简单地说，我们在编写完一段代码之后，检查其是否如我们所预期的那样运行，这个活动就可以看作是一种软件测试工作。新的测试理论、测试方法、测试技术手段在不断涌出，软件测试机构和组织也在迅速产生和发展，由此软件测试技术职业也同步完善和健全起来。

1.1.1　软件缺陷

1. 软件缺陷案例

人们常常不把软件当回事，没有真正意识到它已经深入渗透到我们的日常生活中，软件在电子信息领域里无处不在。现在有许多人如果一天不上网查看电子邮件，简直就没法过下去。我们已经离不开 24 小时包裹投递服务、长途电话服务和最先进的医疗服务了。

然而软件是由人编写开发的，是一种逻辑思维的产品，尽管现在软件开发者采取了一系列有效措施，不断地提高软件开发质量，但仍然无法完全避免软件（产品）会存在各种各样的缺陷。

下面以实例来说明。

（1）迪斯尼的狮子王游戏软件缺陷。

1994 年秋天，迪斯尼公司发布了第一个面向儿童的多媒体光盘游戏——狮子王动画故事书（The Lion King Animated Storybook）。尽管已经有许多其他公司在儿童游戏市场上运作多年，但是这次是迪斯尼公司首次进军这个市场，所以进行了大量促销宣传。结果，销售额非常可观，该游戏成为孩子们那年节假日的"必买游戏"。然而后来却飞来横祸。12 月 26 日，圣诞节的后一天，迪斯尼公司的客户支持电话开始响个不停。很快，电话支持技术员们就淹没在来自于愤怒的家长并伴随着玩不成游戏的孩子们哭叫的电话之中。报纸和电视新闻进行了大量的报道。

后来证实，迪斯尼公司未能对市面上投入使用的许多不同类型的 PC 机型进行广泛的测试。软件在极少数系统中工作正常（例如在迪斯尼程序员用来开发游戏的系统中），但在大多数公众使用的系统中却不能运行。

（2）爱国者导弹防御系统缺陷

爱国者导弹防御系统是里根总统提出的战略防御计划（即星球大战计划）的缩略版本，它首次应用在海湾战争中对抗伊拉克飞毛腿导弹的防御战中。尽管对系统赞誉的报道不绝于耳，但是它确实在对抗几枚导弹中失利，包括一次在沙特阿拉伯的多哈击毙了 28 名美国士兵。分析发现症结在于一个软件缺陷，系统时钟的一个很小的计时错误积累起来到 14 小时后，跟踪系统不再准确。在多哈的这次袭击中，系统已经运行了 100 多个小时。

（3）千年虫问题

20 世纪 70 年代早期的某个时间，某位程序员正在为本公司设计开发工资系统。他使用的计算机存储空间很小，迫使他尽量节省每一个字节。他将自己的程序压缩得比其他任何人都紧凑。使用的其中一个方法是把 4 位数年份（例如 1973 年）缩减为 2 位数 73。因为工资系统相当信赖于日期的处理，所以需要节省大量的存储空间。他简单地认为只有在到达 2000 年，那时他的程序开始计算 00 或 01 这样的年份时问题才会产生。虽然他知道会出这样的问题，但是他认定在 25 年之内程序肯定会升级或替换，而且眼前的任务比现在计划遥不可及的未来更加重要。然而这一天毕竟到来了。1995 年他的程序仍然在使用，而他退休了，谁也不会想到如何深入到程序中检查 2000 年兼容问题，更不用说去修改了。

估计全球各地更换或升级类似的前者程序以解决潜在的 2000 问题的费用已经达数千亿美元。

（4）美国航天局火星登陆探测器缺陷

1999 年 12 月 3 日，美国航天局的火星极地登陆者号探测器试图在火星表面着陆时失踪。一个故障评估委员会调查了故障，认定出现故障的原因极可能是一个数据位被意外置位。最令人警醒的问题是，为什么没有在内部测试时发现呢？

从理论上看，着陆的计划是这样的：当探测器向火星表面降落时，它将打开降落伞减缓探测器的下降速度。降落伞打开几秒钟后，探测器的三条腿将迅速撑开，并锁定位置，准备着陆。当探测器离地面 1800 米时，它将丢弃降落伞，点燃着陆推进器，缓缓地降落到地面。

美国航天局为了省钱，简化了确定何时关闭着陆推进器的装置。为了替代其他太空船上使用的贵重雷达，他们在探测器的脚部装了一个廉价的触点开关，在计算机中设置一个数据位来控制触点开关关闭燃料。很简单，探测器的发动机需要一直点火工作，直到脚"着地"为止。

遗憾的是，故障评估委员会在测试中发现，许多情况下，当探测器的脚迅速撑开准备着陆时，机械震动也会触发着陆触点开关，设置致命的错误数据位。设想探测器开始着陆时，计算机极有可能关闭着陆推进器，这样火星极地登陆者号探测器飞船下坠 1800 米之后冲向地面，撞成碎片。

结果是灾难性的，但背后的原因却很简单。登陆探测器经过了多个小组测试。其中一个小组测试飞船的脚折叠过程，另一个小组测试此后的着陆过程。前一个小组不去注意着地数据是否置位——这不是他们负责的范围；后一个小组总是在开始复位之前复位计算机，清除数据位。双方独立工作都做得很好，但合在一起就不是这样了。

（5）金山词霸缺陷

在国内，"金山词霸"是一个很著名的词典软件，应用范围极大，对使用中文操作的用户帮助很大，但它也存在不少缺陷。例如输入"cube"，词霸会在示例中显示 33=9 的错误；又如用鼠标取词"dynamically"（力学，动力学），词霸会出现其他不同的单词"dynamite n.炸药"的显示错误。

（6）英特尔奔腾浮点除法缺陷

在计算机的"计算器"程序中输入以下算式：

$$(4195835/3145727)×3145727-4195835$$

如果答案是 0，就说明计算机没问题。如果得出其他结果，就表示计算机使用的是带有浮点除法软件缺陷的老式英特尔奔腾处理器——这个软件缺陷被烧录在一个计算机芯片中，并在制作过程中反复生产。

1994 年 10 月 30 日，弗吉利亚州 Lynchburg 学院的 Thomas R .Nicely 博士在他的一个实验中，用奔腾 PC 机解决一个除法问题时，记录了一个想不到的结果，得出了错误的结论。他把发现的问题放到因特网上，随后引发了一场风暴，成千上万的人发现了同样的问题，并且发现在另外一些情形下也会得出错误的结果。万幸的是，这种情况很少见，仅仅在进行精度要求很高的数学、科学和工程计算中才会导致错误。大多数用来进行税务处理和商务应用的用户根本不会遇到此类问题。

这件事情引人关注的并不是这个软件缺陷，而是英特尔公司解决问题的方式：

- 他们的软件测试工程师在芯片发布之前进行内部测试时已经发现了这个问题。英特尔的管理层认为这没有严重到要保证修正，甚至公开的程度。
- 当软件缺陷被发现时，英特尔通过新闻发布和公开声明试图弱化这个问题的已知严重性。
- 受到压力时，英特尔承诺更换有问题的芯片，但要求用户必须证明自己受到缺陷的影响。

舆论哗然。互联网新闻组里充斥着愤怒的客户要求英特尔解决问题的呼声。新闻报道把英特尔公司描绘成不关心客户和缺乏诚信者。最后，英特尔为自己处理软件缺陷的行为道歉，并拿出 4 亿多美元来支付更换问题芯片的费用。现在英特尔在 Web 站点上报告已发现的问题，并认真查看客户在互联网新闻组里的留的反馈意见。

2. 软件缺陷的定义

从上述的案例中可以看到，软件发生错误时将造成灾难性危害或对用户产生各种影响。软件缺陷（bug），即计算机系统或者程序中存在的任何一种破坏正常运行能力的问题、错误，或者隐藏的功能缺陷、瑕疵。缺陷会导致软件产品在某种程度上不能满足用户的需要。美国商务部国家标准和技术研究所（NIST）进行的一项研究表明，软件中的 bug 每年给美国经济造成的损失高达 595 亿美元。说明软件中存在的缺陷所造成的损失是巨大的，从反面又一次证明软件测试的重要性。如何尽早彻底地发现软件中存在的缺陷是一项复杂且需要创造性和高度智慧的工作。同时，软件的缺陷是软件开发过程中的重要属性，反映软件开发过程中需求分析、功能设计、用户界面设计、编程等环节所隐含的问题，也为项目管理、过程改进提供了许多信息。

对于软件缺陷的准确定义，通常有以下 5 条描述：

（1）软件未实现产品说明书要求的功能。

（2）软件出现了产品说明书指明不会出现的错误。

（3）软件超出实现了产品说明书提到的功能。

（4）软件实现了产品说明书虽未明确指出但应该实现的目标。

（5）软件难以理解，不易使用，运行缓慢或者终端用户认为不好。

为了更好地理解每一条规则，我们以计算器为例进行说明。

计算器的产品说明书声称它能够准确无误地进行加、减、乘、除运算。当你拿到计算器后，按下"＋"键，结果什么反应也没有，根据第 1 条规则，这是一个缺陷。假如得到错误答案，根据第 1 条规则，这同样是一个缺陷。

若产品说明书声称计算器永远不会崩溃、锁死或者停止反应。当你任意敲键盘，计算器停止接受输入，根据第 2 条规则，这是一个缺陷。

若用计算器进行测试，发现除了加、减、乘、除之外，它还可以求平方根，说明书中从未提到这一功能，根据第 3 条规则，这是软件缺陷。软件实现了产品说明书未提到的功能

若在测试计算器时，会发现电池没电会导致计算不正确，但产品说明书未指出这个问题。根据第 4 条规则，这是个缺陷。

第 5 条规则是全面的。如果软件测试员发现某些地方不对劲，无论什么原因，都要认定为缺陷。如"＝"键布置的位置使其极其不好按；或在明亮光下显示屏难以看清。根据第 5 条规则，这些都是缺陷。

3. 软件缺陷的种类

软件缺陷表现的形式有多种，不仅仅体现在功能的失效方面，还体现在其他方面。软件缺陷的主要类型有：

- 功能、特性没有实现或部分实现。
- 设计不合理，存在缺陷。
- 实际结果和预期结果不一致。
- 运行出错，包括运行中断、系统崩溃、界面混乱。
- 数据结果不正确、精度不够。

用户不能接受的其他问题，如存取时间过长、界面不美观。

4. 软件缺陷的级别及软件缺陷的状态

（1）软件缺陷的级别

作为软件测试员，可能所发现的大多数问题不是那么明显、严重，而是难以觉察的简单而细微的错误，有些是真正的错误，也有些不是。一般来说，问题越严重的，其优先级越高，越要得到及时的纠正。软件公司对缺陷严重性级别的定义不尽相同，但一般可以概括为 4 种级别：

- 致命的：致命的错误，造成系统或应用程序崩溃、死机、系统悬挂，或造成数据丢失、主要功能完全丧失等。
- 严重的：严重错误，指功能或特性没有实现，主要功能部分丧失，次要功能完全丧失，或致命的错误声明。
- 一般的：不太严重的错误，这样的软件缺陷虽然不影响系统的基本使用，但没有很好地实现功能，没有达到预期效果。如次要功能丧失，提示信息不太准确，或用户界面差、操作时间长等。
- 微小的：一些小问题，对功能几乎没有影响，产品及属性仍可使用，如有个别错别字、文字排列不整齐等。

除了这 4 种之外，有时需要"建议"级别来处理测试人员所提出的建议或质疑，如建议程序做适当的修改，来改善程序运行状态，或对设计不合理、不明白的地方提出质疑。

（2）软件缺陷的状态

软件缺陷除了严重性之外，还存在反映软件缺陷处于一种什么样的状态，便于跟踪和管理某个产品的缺陷，可以定义不同的 bug 状态。

- 激活状态：问题还没有解决，测试人员新报的 bug，或验证后 bug 仍然存在。
- 已修正状态：开发人员针对所存在的缺陷修改程序，认为已解决问题，或通过单元测试。
- 关闭或非激活状态：测试人员验证已经修正的 bug 后，确认 bug 不存在以后的状态。

5. 软件缺陷的原因

软件缺陷的产生，首先是不可避免的。其次我们可以从软件本身，团队工作和技术问题等多个方面分析，比较容易确定造成软件缺陷的原因，归纳如下。

（1）技术问题

- 算法错误。
- 语法错误。
- 计算和精度问题。
- 系统结构不合理，造成系统性能问题。
- 接口参数不匹配，出现问题。

（2）团队工作

- 系统分析时对客户的需求不是十分清楚，或者和用户的沟通存在一些困难。
- 不同阶段的开发人员相互理解不一致，软件设计对需求分析结果的理解偏差，编程人员对系统设计规格说明书中某些内容重视不够，或存在着误解。
- 设计或编程上的一些假定或依赖性，没有得到充分的沟通。

（3）软件本身

- 文档错误、内容不正确或拼写错误。
- 数据考虑不周全引起强度或负载问题。
- 对边界考虑不够周全，漏掉某几个边界条件造成的错误。
- 对一些实时应用系统，保证精确的时间同步，否则容易引起时间上不协调、不一致性带来的问题。
- 没有考虑系统崩溃后在系统安全性、可靠性方面的隐患。

- 硬件或系统软件上存在的错误。
- 软件开发标准或过程上的错误。

6. 软件缺陷的组成

我们知道软件缺陷是由很多原因造成的，如果把它们按需求分析结果——规格说明书，系统设计结果，编程的代码等归类起来，比较后发现，结果规格说明书是软件缺陷出现最多的地方，见图 1-1。

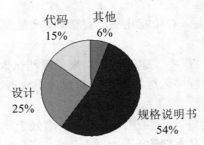

图 1-1 软件缺陷构成示意图

软件产品规格说明书是软件缺陷存在最多的地方，其主要原因有以下几种：

（1）用户一般是非计算机专业人员，软件开发人员和用户的沟通存在较大困难，对要开发的产品功能理解不一致。

（2）由于软件产品还没有设计、开发、完全靠想象去描述系统的实现结果，所以有些特性还不够清晰。

（3）需求变化的不一致性。用户的需求总是在不断变化的，这些变化如果没有在产品规格说明书中得到正确的描述，容易引起前后文和上下文的矛盾。

（4）对规格说明书不够重视，在规格说明书的设计和写作上投入的人力、时间不足。

（5）没有在整个开发队伍中进行充分沟通，有时只有设计师或项目经理得到比较多的信息。

1.1.2 软件测试技术的发展历史及现状

1. 软件测试技术的发展历史

在软件行业发展初期就已经开始实施软件测试，但这一阶段还没有系统意义上的软件测试，更多的是一种类似调试的测试。测试是没有计划和方法的，测试用例的设计和选取也都是根据测试人员的经验随机进行的，大多数测试的目的是为了证明系统可以正常运行。

20 世纪 50 年代后期到 20 世纪 60 年代，各种高级语言相继诞生，测试的重点也逐步转入到使用高级语言编写的软件系统中来，但程序的复杂性远远超过了以前。尽管如此，由于受到硬件的制约，在计算机系统中，软件仍然处于次要位置。软件正确性的把握仍然主要依赖于编程人员的技术水平。因此，这一时期软件测试的理论和方法发展比较缓慢。

20 世纪 70 年代以后，随着计算机处理速度的提高，存储器容量的快速增加，软件在整个计算机系统中的地位变得越来越重要。随着软件开发技术的成熟和完善，软件的规模也越来越大，复杂度也大大增加。因此，软件的可靠性面临着前所未有的危机，给软件测试工作带来了更大的挑战，很多测试理论和测试方法应运而生，逐渐形成了一套完整的体系，培养和造就了一批批出色的测试人才。

如今在软件产业化发展的大趋势下，人们对软件质量，成本和进度的要求也越来越高，质量的控制已经不仅仅是传统意义上的软件测试。传统软件的测试大多是基于代码运行的，并且常常是软件开发的后期才开始进行，但大量研究表明，设计活动引入的错误占软件开发过程中出现的所有错误数量的 50%～65%。因此，越来越多的声音呼吁，要求有一个规范的软件开发过程。而在整个软件开发过程中，测试已经不再只是基于程序代码进行的活动，而是一个基于整个软件生命周期的质量控制活动，贯穿于软件开发的各个阶段。

2. 软件测试的现状

在我国，软件测试可能算不上一个真正的产业，软件开发企业对软件测试认识淡薄，软件测试人员与软件开发人员往往比例失调，而在发达国家和地区，软件测试已经成了一个产业，微软的开发工程师与测试工程师的比例是 1:2，国内一般公司是 6:1。很多人认为导致这种现状产生的原因是与我们接受的传统教育和开发习惯有相当大的关系。软件行业相对于其他一些行业来说是相当年轻的，开发过程包含了需求管理、分析、设计、测试和部署等工作，由于软件业的历史年轻，而且一般人认为，开发周期前面的工作没有完善之前，比较难于考虑到后面的工作。因此，我们可以看到软件工作大部分的精力都投入在了需求管理、分析、设计 3 个阶段的开发，造成了这些方面方法论的快速发展，而忽视了测试工作。

总之，与一些发达国家相比，国内测试工作还存在一定的差距。主要体现在测试意识以及测试理论的研究，大型测试工具软件的开发以及从业人员数量等方面。其实，这与中国整体软件的发展水平是一致的，因为我国整体的软件产业水平与软件发达国家水平相比有较大的差距，而作为软件产业重要一环的软件测试，必然也存在着不小的差距。但是，我们在软件测试实现方面并不比国外差，国际上优秀的测试工具，我们基本都有，这些工具所体现的思想我们也有深刻的理解，很多大型系统在国内都得到了很好的测试。

1.2　软件测试的目的与原则

1. 软件测试的定义

为了保证软件的质量和可靠性，应力求在分析、设计等各个开发阶段结束前，对软件进行严格的技术评审。但由于人们能力的局限性，审查不能发现所有的错误。而且在编码阶段还会引进大量的错误。这些错误和缺陷如果遗留到软件交付投入运行之时，终将会暴露出来。但到那时，不仅改正这些错误的代价更高，而且往往造成很恶劣的后果。

软件测试就是在软件投入运行前，对软件需求分析、设计规格说明和编码的最终复审，是软件质量保证的关键步骤。通常对软件测试的定义有如下描述：

软件测试是为了发现错误而执行程序的过程。或者说，软件测试是根据软件开发各阶段的规格说明和程序的内部结构而精心设计一批测试用例，并利用这些测试用例去运行程序，以发现程序错误的过程。

软件测试在软件生存期中横跨两个阶段：通常在编写出每一个模块之后就对它做必要的测试（称为单元测试）。编码与单元测试属于软件生存期中的同一个阶段。在结束这个阶段之后，对软件系统还要进行各种综合测试，这是软件生存期的另一个独立的阶段，即测试阶段。

现在，软件开发机构将研制力量的 40%以上投入到软件测试之中的事例越来越多。特殊情况下，对于性命攸关的软件，例如飞行控制、核反应堆监控软件等，其测试费用甚至高达所有其他软件工程阶段费用总和的 3～5 倍。

2．软件测试的目的

基于不同的立场，存在着两种完全不同的测试目的。从用户的角度出发，普遍希望通过软件测试暴露软件中隐藏的错误和缺陷，以考虑是否可以接受该产品。而从软件开发者的角度出发，则希望成为表明软件产品中不存在错误的过程，验证该软件已正确地实现了用户的要求，确立人们对软件质量的信心。因此，他们会选择那些导致程序失效概率小的测试用例，回避那些易于暴露程序错误的测试用例。同时，也不会注意去检测、排除程序中可能包含的副作用。显然，这样的测试对完善和提高软件质量毫无价值。因为在程序中往往存在着许多预料不到的问题，可能会被疏露，许多隐藏的错误只有在特定的环境下才可能暴露出来。如果不把着眼点放在尽可能查找错误这样一个基础上，这些隐藏的错误和缺陷就查不出来，会遗留到运行阶段中去。

综上所述，软件测试的目的包括以下三点：

（1）测试是程序的执行过程，目的在于发现错误，不能证明程序的正确性，仅限于处理有限种的情况。

（2）检查系统是否满足需求，这也是测试的期望目标。

（3）一个好的测试用例在于发现还未曾发现的错误；成功的测试是发现了错误的测试。

3．软件测试的原则

软件测试的目标是想以最少的时间和人力找出软件中潜在的各种错误和缺陷。如果成功地实施了测试，就能够发现软件中的错误。

根据这样的测试目的，软件测试的原则如下：

（1）应当把尽早地和不断地进行软件测试作为软件开发者的座右铭。坚持在软件开发的各个阶段的技术评审，这样才能在开发过程中尽早发现和预防错误，把出现的错误克服在早期，杜绝某些隐患，提高软件质量。

（2）测试用例应由测试输入数据和与之对应的预期输出结果这两部分组成。如果对测试输入数据没有给出预期的程序输出结果，那么就缺少了检验实测结果的基准，就有可能把一个似是而非的错误结果当成正确结果。

（3）程序员应避免检查自己的程序。如果由他人来测试程序员编写的程序，可能会更客观、更有效，并更容易取得成功。

（4）在设计测试用例时，应当包括合理的输入条件和不合理的输入条件。合理的输入条件是指能验证程序正确的输入条件；而不合理的输入条件是指异常的、临界的、可能引起问题变异的输入条件。因此，软件系统处理非法命令的能力也必须在测试时受到检验。用不合理的输入条件测试程序时，往往比用合理的输入条件进行测试能发现更多的错误。

（5）充分注意测试中的群集现象。测试时不要以为找到了几个错误问题就已解决，不需要继续测试了。应当对错误群集的程序段进行重点测试，以提高测试投资的效益。

（6）严格执行测试计划，排除测试的随意性。对于测试计划，要明确规定，不要随意解释。

（7）应当对每一个测试结果做全面检查。这是一条最明显的原则，但常常被忽视。必须对预期的输出结果明确定义，对实测的结果仔细分析检查，抓住关键，暴露错误。

（8）妥善保存测试计划，测试用例，出错统计和最终分析报告，为维护提供方便。

4．软件测试的分类

从不同的角度，可以把软件测试技术分成不同种类。

（1）从是否需要执行被测软件的角度分类

从是否需要执行被测软件的角度，可分为静态测试（Static Testing）和动态测试（Dynamic Testing）。顾名思义，静态测试就是通过对被测程序的静态审查，发现代码中潜在的错误。它一般用人工方式脱机完成，故亦称人工测试或代码评审（Code Review）；也可借助于静态分析器在机器上以自动方式进行检查,但不要求程序本身在机器上运行.按照评审的不同组织形式，代码评审又可分为代码会审、走查、办公桌检查、同行评分四种。对某个具体的程序，通常只使用一种评审方式。

动态测试的对象必须是能够由计算机真正运行的被测试的程序。它分为黑盒测试和白盒测试，也是我们下面将要介绍的内容。

（2）从软件测试用例设计方法的角度分类

从软件测试用例设计方法的角度，可分为黑盒测试（Black-Box Testing）和白盒测试（White-Box Testing）。

黑盒测试是一种从用户观点出发的测试，又称为功能测试，数据驱动测试和基于规格说明的测试。使用这种方法进行测试时，把被测试程序当作一个黑盒，忽略程序内部结构的特性，测试者在只知道该程序输入和输出之间的关系或程序功能的情况下，依靠能够反映这一关系和程序功能需求规格的说明书，来确定测试用例和推断测试结果的正确性。简单地说，若测试用例的设计是基于产品的功能，目的是检查程序各个功能是否实现，并检查其中的功能错误，则这种测试方法称为黑盒。

白盒测试基于产品的内部结构来进行测试，检查内部操作是否按规定执行，软件各个部分功能是否得到充分利用。白盒测试又称为结构测试、逻辑驱动测试或基于程序的测试。即根据被测程序的内部结构设计测试用例，测试者需事先了解被测试程序的结构。

（3）从软件测试的策略和过程的角度分类。

按照软件测试的策略和过程分类，软件测试可分为单元测试（Unit Testing）、集成测试（Integration Testing）、确认测试（Validation Testing）、系统测试（System Testing）和验收测试（Verification Testing）。

单元测试是针对每个单元的测试，是软件测试的最小单位，它确保每个模块能正常工作。单元测试多数使用白盒测试，用以发现内部错误。

集成测试是对已测试过的模块进行组装，进行集成测试的目的主要在于检验与软件设计相关的程序结构问题。集成测试一般通过黑盒测试方法来完成。

确认测试是检验所开发的软件能否满足所有功能和性能需求的最后手段，通常采用黑盒测试方法。

系统测试的主要任务是检测被测软件与系统的其他部分的协调性。

验收测试是软件产品质量的最后一关。这一环节，测试主要从用户的角度着手，其参与者主要是用户和少量的程序开发人员。

1.3 软件测试的生命周期

图 1-2 给出了软件测试生命周期的模型，把测试的生命周期分为几个阶段，前 3 个阶段是引入程序错误阶段，也就是开发过程中的需求规格说明、设计、编码阶段，此时极易引入错误或者导致开发过程中其他阶段产生错误。然后是通过测试发现错误的阶段，这需要通过使用一些适当的测试技术和方法来共同完成。后 3 个阶段是清除程序错误的阶段。其主要任务是进行缺陷分类、缺陷隔离和解决缺陷。其中在修复旧缺陷的时候很可能引进新的错误，导致原来能够正确执行的程序出现新的缺陷。

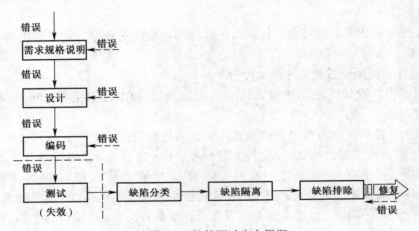

图 1-2 软件测试生命周期

在软件测试生命周期的每个阶段都要完成一些确定的任务，在执行每个阶段的任务时，可以采用行之有效的结构分析设计技术和适当的辅助工具；在结束每个阶段的任务时都进行严格的技术审查和管理复审。最后提交最终软件配置的一个或几个成分（文档或程序）。

1.4 软件测试与软件开发的关系

1. 测试与软件开发各阶段的关系

软件开发过程是一个自顶向下、逐步细化的过程，首先在软件计划阶段定义了软件的作用域，然后进行软件需求分析，建立软件的数据域、功能和性能需求、约束和一些有效性准则。接着进入软件开发，首先是软件设计，然后再用某种程序设计语言把设计转换成程序代码。而测试过程则是依相反的顺序安排的自底向上、逐步集成的过程，低一级测试为上一级测试准备条件。此外还有两者平行地进行测试。

如图 1-3 所示，首先对每一个程序模块进行单元测试，消除程序模块内部在逻辑上和功能上的错误和缺陷。再对照软件设计进行集成测试，检测和排除子系统（或系统）结构上的错误。随后再对照需求，进行确认测试。最后从系统全体出发，运行系统，看是否满足要求。

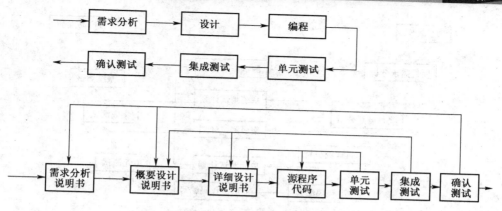

图 1-3　软件测试与软件开发过程的关系

2. 测试与开发的并行性

在软件的需求得到确认并通过评审后，概要设计工作和测试计划制定设计工作就要并行进行。如果系统模块已经建立，对各个模块的详细设计、编码、单元测试等工作又可并行。待每个模块完成后，可以进行集成测试、系统测试。并行流程如图 1-4 所示。

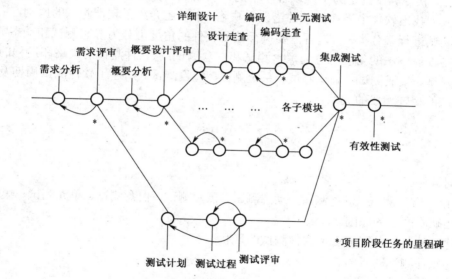

图 1-4　软件测试与软件开发的并行性

3. 测试与开发模型

软件测试不仅仅是执行测试，而且是一个包含很多复杂活动的过程，并且这些过程应该贯穿于整个软件开发过程。在软件开发过程中，应该什么时候进行测试？如何更好地把软件开发和测试活动集成到一起？其实这也是软件测试工作人员必须考虑的问题，因为只有这样，才能提高软件测试工作的效率，提高软件产品的质量，最大限度地降低软件开发与测试的成本，减少重复劳动。如图 1-5 所示，即为软件测试与开发的完整流程。

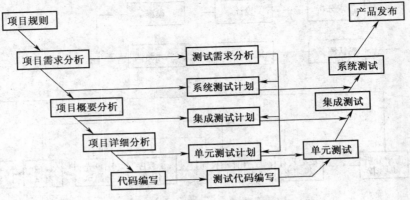

图 1-5 软件测试与开发的完整流程

小　结

　　本章通过对软件错误案例的研究，介绍了软件缺陷的组成及产生原因、软件测试的发展历史及其在国内的发展状况。随着软件开发过程和开发技术的不断改进，软件测试理论和方法也在不断完善，软件测试就是为了发现程序中的错误而执行程序的过程，测试的目的就是以最少的时间和人力找出软件中潜在的各种错误和缺陷。本章还介绍了软件测试的原则，并从不同角度对软件测试进行了分类，从是否需要执行被测软件的角度可分为静态测试和动态测试；从软件测试用例设计方法的角度可分为黑盒测试和白盒测试；从软件测试的策略和过程的角度又可分为单元测试、集成测试、确认测试、系统测试、验收测试。阐述了软件测试周期及软件开发与软件测试的相辅相成的关系。

习　题

1．名词解释：

软件缺陷、软件测试、静态测试、动态测试、黑盒测试、白盒测试、单元测试、集成测试。

2．简述缺陷产生的原因。

3．简述软件测试发展历史及软件测试的现状。

4．简述软件测试的目的。

5．简述软件测试的原则。

6．简述软件测试与软件开发的关系。

7．谈谈你对软件测试重要性的理解。

第 2 章　软件测试方法

本章概述

软件产品种类繁多，测试过程千变万化，为了能够找到系统中绝大部分的软件缺陷，必须构建各种行之有效的测试方法。

本章通过比较分析，介绍了静态测试与动态测试，黑盒测试和白盒测试的基本策略。

2.1　静态测试与动态测试

根据程序是否运行可以把软件测试方法分为静态测试（Static Testing）和动态测试（Dynamic Testing）两大类。图 2-1 是静态测试与动态测试的比喻图。

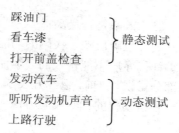

图 2-1　静态测试与动态测试的比喻图

2.1.1　静态测试

静态方法的主要特征是，在用计算机测试源程序时，计算机并不真正运行被测试的程序，只对被测程序进行特性分析。因此，静态方法常称为"分析"，静态分析是对被测程序进行特性分析的一些方法的总称。所谓静态分析，就是不需要执行所测试的程序，而只是通过扫描程序正文，对程序的数据流和控制流等信息进行分析，找出系统的缺陷，得出测试报告。

为什么要进行静态分析呢？首先，一个软件产品可能实现了所要求的功能，但如果它的内部结构组织的很复杂，很混乱，代码的编写也没有规范的话，这时软件中往往会隐藏一些不易被察觉的错误。其次，即使这个软件基本满足了用户目前的要求，但到了日后对该产品进行维护升级工作的时候，会发现维护工作相当困难。所以，如果能对软件进行科学、细致的静态分析，使系统的设计符合模块化、结构化、面向对象的要求，使开发人员编写的代码符合规定的编码规范，就能够避免软件中大部分的错误，同时为日后的维护工作节约大量的人力、物力。这就是对软件进行静态分析的价值所在。

静态测试包括代码检查、静态结构分析、代码质量度量等。它可以由人工进行，充分发挥人的逻辑思维优势，也可以借助软件工具自动进行。

通常在静态测试阶段进行以下一些测试活动：

- 检查算法的逻辑正确性，确定算法是否实现了所要求的功能；
- 检查模块接口的正确性，确定形参的个数、数据类型、顺序是否正确，确定返回值类型及返回值的正确性；
- 检查输入参数是否有合法性检查。如果没有合法性检查，则应确定该参数是否不需要合法性检查，否则应加上参数的合法性检查；
- 检查调用其他模块的接口是否正确，检查实参类型、实参个数是否正确，返回值是否正确。若被调用模块出现异常或错误，程序是否有适当的出错处理代码；
- 检查是否设置了适当的出错处理，以便在程序出错时，能对出错部分进行重做安排，保证其逻辑的正确性；
- 检查表达式、语句是否正确，是否含有二义性。例如，下列表达式或运算符的优先级：<=、=、>=、&&、||、++、--等；
- 检查常量或全局变量使用是否正确；
- 检查标识符的使用是否规范、一致，变量命名是否能够望名知义、简洁、规范和易记；
- 检查程序风格的一致性、规范性，代码是否符合行业规范，是否所有模块的代码风格一致、规范；
- 检查代码是否可以优化，算法效率是否最高；
- 检查代码注释是否完整，是否正确反映了代码的功能，并查找错误的注释。

静态分析的差错分析功能是编译程序所不能替代的。编译系统虽然能发现某些程序错误，但这些错误远非软件中存在的大部分错误。目前，已经开发了一些静态分析系统作为软件静态测试的工具，静态分析已被当作一种自动化的代码校验方法。

静态测试可以完成的工作如下：

（1）可以发现如下程序缺陷

- 错用了局部变量和全局变量；
- 不匹配的参数；
- 未定义的变量；
- 不适当的循环嵌套或分支嵌套；
- 无终止的死循环；
- 不允许的递归；
- 调用不存在的子程序；
- 遗漏了标号或代码。

（2）找出如下问题的根源

- 未使用过的变量；
- 不会执行到的代码；
- 从未引用过的标号；
- 潜在的死循环。

（3）提供程序缺陷的如下间接信息

- 标识符的使用方式；
- 过程的调用层次；

- 所用变量和常量的交叉应用表；
- 是否违背编码规则。

（4）为进一步查错做准备

（5）选择测试用例

（6）进行符号测试

实践表明，使用静态测试可发现大约 1/3～2/3 的逻辑设计和编码错误。但代码中仍会隐藏许多故障无法通过静态测试来发现，因此必须通过动态测试进行详细的分析。

2.1.2　动态测试

动态方法是通过源程序运行时所体现出来的特征，来进行执行跟踪、时间分析以及测试覆盖等方面的测试。动态测试是真正运行被测程序，在执行过程中，通过输入有效的测试用例，对其输入与输出的对应关系进行分析，以达到检测的目的。

动态测试方法的基本步骤如下：

（1）选取定义域的有效值，或选取定义域外的无效值；

（2）对已选取值决定预期的结果；

（3）用选取值执行程序；

（4）执行结果与预期的结果相比，不吻合则说明程序有错。

不同的测试方法，各自的目标和侧重点不一样，在实际工作中要将静态测试和动态测试结合起来，以达到更加完美的效果。

在动态测试中，又可有基于程序结构的白盒测试（或称为覆盖测试）和基于功能的黑盒测试。

2.2　黑盒测试与白盒测试

测试用例的设计是测试过程的一个关键步骤，按照测试用例的不同出发点，可以分为黑盒测试与白盒测试。一般来讲，在进行单元测试时采用白盒测试，而其余测试采用黑盒测试。

2.2.1　黑盒测试

黑盒测试（Black-box Testing）又称为功能测试、数据驱动测试和基于规格说明的测试。是一种从用户观点出发的测试。

黑盒测试的基本观点是：任何程序都可以看作是从输入定义域映射到输出值域的函数过程，被测程序被认为是一个打不开的黑盒子，黑盒中的内容（实现过程）完全不知道，只明确要做到什么。黑盒测试作为软件功能的测试手段，是重要的测试方法。它主要根据规格说明设计测试用例，并不涉及程序内部结构和内部特性，只依靠被测程序输入和输出之间的关系或程序的功能设计测试用例。

黑盒测试有两个显著的特点：

（1）黑盒测试不考虑软件的具体实现过程，在软件实现的过程发生变化时，测试用例仍然可以使用；

（2）黑盒测试用例的设计可以和软件实现同时进行，这样能够压缩总的开发时间。

黑盒测试不仅能够找到大多数其他测试方法无法发现的错误，而且一些外购软件、参数化软件包以及某些生成的软件，由于无法得到源程序，在一些情况下只能选择黑盒测试。

但是任何一个软件作为一个系统都是有层次的，在软件的总体功能之下可能具有若干个层次的功能，而且软件开发一般总是将原始问题换算成计算机能够处理的形式作为开始，接下来进行一系列变换，最后得到程序编程。在这一系列变换的过程之中，每一步都得到不同形式的中间成果，再生成相应功能。因此，测试人员常常面临的一个实际问题就是在哪个层次上进行测试。假如是在高一层次上进行的测试，就可能忽略一些细节，测试可能是不完全的和不够充分的；假如是在较低一层次上进行的测试，则有可能忽略各功能存在的相互作用和相互依赖的关系。

如果想用黑盒测试发现程序中所有的错误，就必须输入数据的所有可能值来检查程序是否都能够产生正确的结果。但这显然是做不到的。一方面，输入和输出结果是否正确本身无法全部事先知道；另一方面，要做到穷举所有可能的输入实际上很困难。通常黑盒测试的测试数据是根据规格说明书来决定的，但实际上，也比较难以保证规格说明书是不是完全正确，可能也存在着问题。例如，规格说明书中规定了多余的功能，或是遗漏了某些功能，采用黑盒测试是无法发现这些问题的。

黑盒测试的具体技术方法主要包括边界值分析法、等价类划分法、比较测试法、因果图法、决策表法等。

黑盒测试属于穷举输入测试方法，只有把所有可能的输入都作为测试情况来使用，才能以这种方法查出程序中所有的错误。

软件测试仅局限于功能测试是不够的，因此不仅要进行黑盒测试，还需要花费很大的精力进行逻辑（结构）测试，即白盒测试。

2.2.2　白盒测试

白盒测试（White-box Testing）也称作结构测试或逻辑驱动测试，它是知道产品内部工作过程，可通过测试来检测产品内部动作是否按照规格说明书的规定正常进行。按照程序内部的结构测试程序，检验程序中的每条通路是否都能按预定要求正确工作，而不顾其他的功能。白盒测试的主要方法有逻辑覆盖、基本路径测试等，主要用于软件验证。

白盒测试全面了解程序内部逻辑结构、对所有逻辑路径进行测试。白盒测试是穷举路径测试。在使用这一方案时，测试者必须检查程序的内部结构，从检查程序的逻辑着手，得出测试数据。贯穿程序的独立路径数是天文数字。但即使每条路径都测试了，仍然可能有错误。第一，穷举路径测试决不能查出程序违反了设计规范，即程序本身是错误的；第二，穷举路径测试不可能查出程序中因遗漏路径而出错；第三，穷举路径测试可能发现不了一些与数据相关的错误。

白盒测试的测试规划基于产品的内部结构来进行测试，检查内部操作是否按规定进行，软件的各个部分功能是否得到充分利用。白盒测试又称结构测试或基于程序的测试，即逻辑测试。白盒测试将被测程序看作一个打开的盒子，测试者能够看到被测源程序，可以分析被测程序的内部结构，此时测试的焦点集中在根据其内部结构设计测试用例。

既然白盒测试是根据被测程序的内部结构来设计测试用例的一类测试，也许有人会认为，只要保证程序中所有的路径都执行一次，全面的白盒测试将产生"百分之百正确的程序"。这实际上是不可能的，即便是一个非常小的控制流程，进行穷举测试所需要的时间都是一个巨大的数字。

因此，白盒测试要求对某些程序的结构特性做到一定程度的覆盖，或者说这种测试是"基于覆盖率的测试"。测试人员可以严格定义要测试的确切内容，明确要达到的测试覆盖率，减少测试的过分盲目，并以此为目标，引导测试者朝着提高覆盖率的方向努力，找出那些可能已被忽视的程序错误。

通常的程序结构覆盖有：

- 语句覆盖；
- 判定覆盖；
- 条件覆盖；
- 判断/条件覆盖；
- 条件组合覆盖；
- 路径覆盖。

语句覆盖是最常见也最弱的逻辑覆盖准则，它要求设计若干个测试用例，使被测程序的每个语句都至少被执行一次。判定覆盖或分支覆盖则要求设计若干个测试用例，使被测程序的每个判定的真、假分支都至少被执行一次。但判定含有多个条件时，可以要求设计若干个测试用例，使被测程序的每个条件的真、假分支都至少被执行一次，即条件覆盖。在考虑对程序路径进行全面检验时，即可使用条件覆盖准则。

虽然结构测试提供了评价测试的逻辑覆盖准则，但结构测试是不完全的。如果程序结构本身存在问题，比如程序逻辑错误或者遗漏了规格说明书中已规定的功能，那么，无论哪种结构测试，即使其覆盖率达到了百分之百，也是检查不出来的。因此，提高结构测试的覆盖率可以增强对被测软件的信度，但并不能做到万无一失。

2.2.3 黑盒测试与白盒测试的对比

黑盒测试法和白盒测试法是从完全不同的起点出发，并且两个出发点在某种程度上是完全不同的，这反映了测试思路的两方面情况。两类方法在软件测试实践过程中被证明是有效和实用的方法。

经验表明，在进行单元测试时通常采用白盒测试法，而在集成测试、确认测试或系统测试时常采用黑盒测试法。

黑盒测试是以用户的观点，从输入数据与输出数据的对应关系，也就是根据程序外部特性进行的测试，而不考虑内部结构及工作情况；黑盒测试技术注重于软件的信息域（范围），通过划分程序的输入和输出域来确定测试用例；若外部特性本身存在问题或规格说明的规定有误，则应用黑盒测试方法是不能发现问题的。反之，白盒测试只根据程序的内部结构进行测试；测试用例的设计要保证测试时程序的所有语句至少执行一次，而且要检查所有的逻辑条件；如果程序的结构本身有问题，比如说程序逻辑有错误或者有遗漏，那也是无法发现的。

小　　结

软件测试是针对不同的被测试程序状况选用不同的测试方法。

　　根据程序是否运行，可以把软件测试方法分为静态测试和动态测试两大类。根据测试步骤的不同出发点，可以分为黑盒测试与白盒测试，二者比较如表 2-1 所示。这两种方法可以进行某种形式组合，来满足测试要求。

表 2-1　黑盒测试和白盒测试比较

	黑盒测试	白盒测试
优点	①适用于各个测试阶段； ②从产品功能角度进行测试； ③容易入手生成测试数据	①可构成测试数据使特定程序部分得到测试； ②有一定充分性度量手段； ③可获较多工具支持
缺点	①某些代码得不到测试； ②如果规则说明有误，无法发现； ③不易进行充分行测试	①不易生成测试数据； ②无法对未实现规格说明的部分进行测试； ③工作量大，通常只用于单元测试，有应用局限性
性质	一种确认技术，目的是确认"设计的系统是否正确"	一种验证技术，目的是验证"系统的设计是否正确"

习　题

1. 什么是静态测试？简述静态分析的意义。
2. 什么是动态测试？在动态测试中，可运用哪些类型的测试？
3. 阐述黑盒测试和白盒测试的优缺点。

第3章 软件测试流程

本章概述

软件产品种类繁多，测试过程千变万化，为了能够找到系统中绝大部分的软件缺陷，必须构建各种行之有效的测试方法与策略。

本章详细分析了软件测试的复杂性和经济性；也具体描述了软件测试的相关流程，即单元测试、集成测试、确认测试、系统测试和验收测试等基本测试阶段。

3.1 软件测试的复杂性与经济性分析

人们在对软件工程开发的常规认识中，认为开发程序是一个复杂而困难的过程，需要花费大量的人力、物力和时间，而测试一个程序则比较容易，不需要花费太多的精力。这其实是人们对软件工程开发过程理解上的一个误区。在实际的软件开发过程中，作为现代软件开发工业一个非常重要的组成部分，软件测试正扮演着越来越重要的角色。随着软件规模的不断扩大，如何在有限的条件下对被开发软件进行有效的测试，正成为软件工程中一个非常关键的课题。

3.1.1 软件测试的复杂性

设计测试用例是一项细致并且需要具备高度技巧的工作，稍有不慎就会顾此失彼，发生不应有的疏漏。下面分析了容易出现问题的根源。

1. 完全测试是不现实的

在实际的软件测试工作中，不论采用什么方法，由于软件测试情况数量极其巨大，都不可能进行完全彻底的测试。所谓彻底测试，就是让被测程序在一切可能的输入情况下全部执行一遍。通常也称这种测试为"穷举测试"。

穷举测试会引起以下几种问题：

- 输入量太大；
- 输出结果太多；
- 软件执行路径太多；
- 说明书存在主观性。

由于以上问题的存在，使得在大多数的软件测试过程中，穷举测试几乎是不可能的。在软件的使用过程中，人们不仅要进行合法的输入，若出现某些意外情况，可能还要发生种种不合法的输入。这样的测试情况可能出现无穷多个，所以测试人员既要测试所有合法的输入，也还要对那些不合法但是可能的输入进行测试。

例如，对于常用的画图板程序，如果测试人员受命于使用穷举测试来进行，那么首先要对直线的画图进行测试，把直线中最小的两个相邻点，一个一个地延长直至最大的点，然后是考虑反方向的画图，再是斜线的画图。将所有可能的直线画图全部测试完成之后，还要考虑其他图像的各种画法，一个一个地在理论上将所有可能发生的情况全部测试完毕后，再将可能出现的不同图形的叠加全部实现，当然这里还不包括色彩的运用。按照上述思路一个一个地测试起来，单是合法输入就接近无穷多个，使得在理论上根本无法进行穷举测试。在实际的使用过程中，测试人员还要考虑到包括随机出现的各种突发情况，比如水杯掉到键盘上。经典著作《软件测试的技巧》的作者 G.J.Myers 在 1979 年描述了一个只包含 loop 循环和 if 语句的简单程序。可以使用不同的语言将其写成 20 行左右的代码，但是这样简短的语句却有着十万亿条路径。面对这样一个庞大的数字，即便是一个有经验的优秀的软件测试员也需要十亿年才能完成全部测试，而且在实际应用中，此类程序是非常有可能出现的。

E.W.Dijkstra 的一句名言对测试的不彻底性作了很好的注解："程序测试只能证明错误的存在，但不能证明错误的不存在。"由于穷举测试工作量太大，实践上行不通，这就注定了一切实际测试都是不彻底的，也就不能够保证被测试程序在理论上不存在遗留的错误。

2. 软件测试是有风险的

穷举测试的不可行性使得大多数软件在进行测试的时候只能采取非穷举测试，这又意味着一种冒险。比如在使用 Microsoft Office 工具中的 Word 时，可以做这样的一个测试：①新建一个 Word 文档；②在文档中输入汉字"胡"；③设置其字体属性为"隶书"，字号为初号，效果为"空心"；④将页面的显示比例设为"500%"。这时在"胡"字的内部会出现"胡万进印"四个字。类似问题在实际测试中如果不使用穷举测试是很难发现的，而如果在软件投入市场时才发现，则修复代价就会非常高。这就会产生一个矛盾：软件测试员不能做到完全的测试，不完全测试又不能证明软件百分之百的可靠。那么如何在这两者的矛盾中找到一个相对的平衡点呢？

从如图 3-1 所示的最优测试量示意图可以观察到，当软件缺陷降低到某一数值后，随着测试量的不断上升，软件缺陷并没有明显地下降。这是软件测试工作中需要注意的重要问题。如何把测试数据量巨大的软件测试减少到可以控制的范围，如何针对风险做出最明智的选择，是软件测试人员必须能够把握的关键问题。

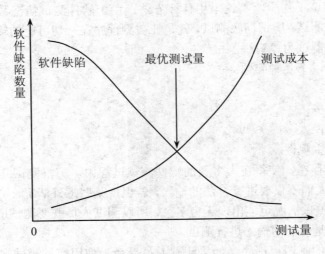

图 3-1　最优测试量示意图

图 3-1 的最优测试量示意图说明了发现软件缺陷数量和测试量之间的关系，随着测试量的

增加，测试成本将呈几何数级上升，而软件缺陷降低到某一数值之后将没有明显的变化，最优测量值就是这两条曲线的交点。

对于软件测试数据量巨大的问题，没有十全十美的解决办法，采取最优测试量只是在两者中的一种妥协。然而糟糕的是矛盾还不止于此，测试量会随着时间的推移而发生改变。在当今竞争激烈的市场里，争取时间可能是制胜的关键，这本身就使软件的开发与测试出现矛盾。使情况更加复杂的是，当一种新的技术或者新的标准出现时，人们可能并不会对软件是否十全十美很在意。在这种情况下，要进行多长时间的测试就更是一个值得商榷的问题。

微软公司在研制 Windows 操作系统的第一个版本时已经落后于对手了。但是为了能抢得第一部应用于 PC 机的图形界面操作系统这一市场先机，他们一面大打广告宣传，一面在公司里加班加点。为了能尽快进行产品的发布，在没有进行可靠的测试验证的情况下，就公布了自己的 Windows 操作系统。虽然这时的 Windows 操作系统漏洞百出，但是仍然赢得了绝大部分的市场份额。反观微软公司的竞争对手，虽然对产品进行了完善的测试与验证，但这时候已经没有人来关注他们的产品了，大家都在兴致勃勃地讨论着 Windows 操作系统，竞争对手最终退出了这一市场。

当然，上面的例子只是在市场初期的特殊现象。如果市场分配格局已经建立起来，那么就应该针对合适的目标加大测试量，提高产品质量。但是在不同的市场时期如何决定测试量的多少，对于一个软件开发公司来说仍然是一个十分重要的课题，这不仅涉及到软件技术知识，还要考虑潜在用户的心理感受因素和商品运营规律等因素。

3. 杀虫剂现象

1990 年，Boris Beizer 在其编著的《Software Testing Techniques》（第二版）中提到了"杀虫剂怪事"一词，同一种测试工具或方法用于测试同一类软件越多，则被测试软件对测试的免疫力就越强。这与农药杀虫是一样的，老用一种农药，则害虫就有了免疫力，农药就失去了作用。

由于软件开发人员在开发过程中可能碰见各种各样的主客观因素，再加上不可预见的突发性事件，所以再优秀的软件测试员采用一种测试方法或者工具，也不可能检测出所有的缺陷。为了克服被测试软件的免疫力，软件测试员必须不断编写新的测试程序，对程序的各个部分进行不断地测试，以避免被测试软件对单一的测试程序具有免疫力而使软件缺陷不被发现。这就对软件测试人员的素质提出了很高的要求。

4. 缺陷的不确定性

在软件测试中，还有一个让人不容易判断的现象是缺陷的不确定性，即并不是所有的软件缺陷都需要被修复。对于究竟什么才算是软件缺陷，这是一个很难把握的标准，在任何一本软件测试的书中都只能给出一个笼统的定义。实际测试中需要把这一定义根据具体的被测对象明确化。即使这样，具体的测试人员对软件系统的理解不同，还是会出现不同的标准。

当确定是软件缺陷时，若出现以下情况，软件缺陷就不能被修复。

● 修复的风险太大。软件在编译期间，本身是一个很脆弱的系统，由于在整个软件系统中，各个模块之间有着千丝万缕的联系，使得单一修复某一段代码可能会引起大量的未知的缺陷。所以在某些非常时期不修复反而是最保险的做法。

● 时间不够。在商业社会中，当部分软件缺陷没有足够的时间修复，就只能在说明书中列出可能出现的缺陷。

- 不会引起大的问题。为了防止整个系统由于局部修复而出现某些问题，在特殊情况下，不常出现的小问题可以暂时忽略。
- 可以理解成新的功能。某些特殊的缺陷有时从另一个方面看可以理解成一种新的功能。这是大多数商务软件在处理一些特殊缺陷时采取的做法。

3.1.2 软件测试的经济性

软件测试的经济性有两方面体现：一是体现在测试工作在整个项目开发过程中的重要地位；二是体现在应该按照什么样的原则进行测试，以实现测试成本与测试效果的统一。软件工程的总目标是充分利用有限的人力和物力资源，高效率、高质量地完成测试。结合上一节穷举测试具有不可行性，就可以理解为什么要在测试量与测试成本的曲线中选取最优测试点。为了降低测试成本，在选择测试用例时要遵守以下原则：

- 被测对象的测试等级应该取决于被测对象在整个软件开发项目中的重要地位，和一旦发生故障会造成的损失情况来综合分析；
- 要制定科学有效的测试策略。在保证能够尽可能多地发现软件缺陷的前提下，尽量少地使用测试用例。如何找到最优测试点，掌握好测试用量是至关重要的。一位有经验的软件管理人员在谈到软件测试时曾这样说过："不充分的测试是愚蠢的，而过度的测试是一种罪孽。"测试不足意味着让用户承担隐藏错误带来的危险，过度测试则会浪费许多宝贵的资源。

测试是软件生存期中费用消耗最大的环节。测试费用除了测试的直接消耗外，还包括其他的相关费用。影响测试费用的主要因素有：

（1）软件面向的目标用户

软件产品需要达到的标准决定了测试的数量。对于那些至关重要的系统，必须要进行更多的测试。一台在 Boeing 757 上的系统应该比一个用于公共图书馆中检索资料的系统需要更多的测试。一个用来控制银行证券实时交易的系统应该比一个简单的网上实时交流系统具有更大的可靠性与可信度。一个用于国防的大型安全关键软件的开发组要比一个网络游戏软件开发组有苛刻得多的查找错误方面的要求。

（2）可能出现的用户数量

一个系统的目标用户数量的多少也在很大程度上影响了测试必要性的程度。这主要是由于用户团体在经济方面的影响。一个在全世界范围内有几千个用户的系统肯定比一个只在办公室中运行的有两三个用户的系统需要更多的测试。如果出现问题的话，前一个系统的经济影响肯定比后一个系统大。另外，在错误处理的分配上，所需花费代价的差别也很大。如果在内部系统中发现了一个严重的错误，处理错误的费用就会相对少一些。如果要处理一个遍布全世界的错误，则要花费相当大的财力和精力，而且还会给开发公司造成严重的信誉危机和潜在用户的流失。

（3）潜在缺陷造成的影响

在考虑测试的必要性时，还需要将系统中所包含的信息价值考虑在内。例如一个支持许多家大银行或众多证券交易所的客户机/服务器系统中一定含有经济价值非常高的内容。因为由于银行证券系统的特殊性，一旦出现问题，影响的将不仅是银行或证券公司，错误将波及所有与银行或证券公司有业务往来的公司或个人，后果将非常恶劣。很显然，这一系统需要比一个支持鞋店的系统或其他单一应用系统要进行更多的测试。这两个系统的用户都希望得到高质量、无错误的系统，但是前一种系统的影响比后一种要大得多。因此我们应该从经济方面考虑，投入与经济价值相对应的时间和金钱去进行测试。

（4）开发机构的业务能力

一个没有标准和缺少经验的开发机构很可能会开发出充满错误的软件系统，而一个建立了标准和有很多经验的开发机构开发出来的软件系统中的错误将会少很多。然而，那些需要进行大幅度改善的机构反而不大可能认识到自身的弱点。那些需要进行更加严格的软件测试的机构往往是最不可能进行这一活动的。在许多情况下，机构的管理部门并不能真正地理解开发一个高质量的软件系统的好处。反而是那些拥有很多经验和建立了严格标准的开发机构更加重视软件测试的重要性。

3.1.3 软件测试的充分性准则

软件测试的充分性准则有以下几点：

- 对任何软件都存在有限的充分测试集合；
- 当一个测试的数据集合对于一个被测的软件系统的测试是充分的，那么再多增加一些测试数据仍然是充分的。这一特性称为软件测试的单调性；
- 即使对软件所有成分都进行了充分的测试，也并不意味着整个软件的测试就已经充分了。这一特性称为软件测试的非复合性；
- 即使对一个软件系统整体的测试是充分的，也并不意味着软件系统中各个成分都已经充分地得到了测试。这个特性称为软件测试的非分解性；
- 软件测试的充分性与软件的需求、软件的实现都相关；
- 软件测试的数据量正比于软件的复杂度。这一特性称为软件测试的复杂性；
- 随着测试次数的增加，检查出软件缺陷的几率随之不断减少。软件测试具有回报递减率。

3.1.4 软件测试的误区

随着软件产业工业化、模块化地发展，在软件开发组中，软件测试人员的重要性也不断地突出。在国外，很多著名企业早已对软件测试工作十分重视。比如著名的微软公司，其软件测试人员与开发人员的比例已经达到2:1。可见软件测试对于一个软件开发项目的成功与否具有十分重要的意义。但是在实际的项目开发与管理中仍然存在很多管理上或者技术上的误区。

（1）期望用测试自动化代替大部分人工劳动

通过应用自动化测试工具能够帮助完成部分重复枯燥的手工作业，但自动化测试工具不能完全代替人工测试。一般来讲，产品化的软件较适于功能测试的自动化，而由标准模块组装的系统更适合功能测试的自动化。这是因为这类软件功能稳定，界面变化不大。

对于测试自动化的使用可以按以下规则来进行：自动化20%的测试用例，用于覆盖80%的用户操作密集的功能和核心商业逻辑（例如工资计算准确度要求高，虽然每月才执行一次）。实现功能测试自动化来完成重复枯燥的回归测试任务，引入性能测试自动化工具来改善测试的广度和深度。自动化会带来一点好处，毕竟机器和脚本是客观的，它总是会完成测试员所分配的所有任务，而没有半点遗漏，从而有助于测试员真正掌握和控制回归测试的覆盖率。

（2）忽视需求阶段的参与

在某些公司，产品原始需求文档本来就不是很完善，从市场调研人员到项目经理、开发经理、开发小组组长，再到具体编写代码的程序员，每一层之间的传递都有可能存在需求理解上的偏差。让测试人员参与需求阶段的工作，可以在一定程度上起到双保险作用，更好地杜绝需求和实现之间差异的发生。软件测试工作同时兼顾了"证明软件的实现和需求是一致的"和"验证软件在某些情况下可能会产生问题"两个方面。因此，测试人员对需求的理解就从另一个角度影响了整个测试工作的可靠性和效率。测试人员和开发人员同时、同等地从上游获得需求，并持有自己的理解，可以排除部分功能实现和需求错位的问题。

（3）软件测试是技术要求不高的岗位

单从目前用人最多的黑盒测试岗位来说，要求测试人员对计算机技术的精通能力或许并不是很高。实际上，测试人员除了拥有逻辑思维、沟通能力等自身素质外，还要有以下两种技能：一是行业知识，比如丰富的财务或 ERP 实施经验；另一种是计算机技术，比如计算机语言设计和软件项目开发经验。

好的测试人员，不但要不懈地执行常规的测试任务，更要有严谨的态度和缜密的思维，去覆盖更多的"可能"，发现别人很难找到的软件缺陷。要利用自己丰富的行业经验，判断从需求到系统功能的实现是否合理。要站在一定高度对软件框架、设计方法、项目管理等做出合理的建议。

所有这些，加上软件测试管理相关的其他技术（如配置管理等），对于一名合格的软件测试人员的素质要求是很高的。

3.2　软件测试的流程

1. 软件开发的 V 模型

软件测试是阶段性的，而软件测试的流程与软件设计周期究竟是什么关系呢？软件开发流程的 V 模型是一个广为人知的模型，如图 3-2 所示。在 V 模型中，从左到右描述了基本的开发过程和测试行为，为软件的开发人员和测试管理者提供了一个极为简单的框架。V 模型的价值在于它非常明确地标明了测试过程中存在的不同级别，并且清楚地描述了这些测试阶段和开发过程期间各阶段的对应关系。

在 V 模型中，各个测试阶段的执行流程是：单元测试是基于代码的测试，最初由开发人员执行，以验证其可执行程序代码的各个部分是否已达到了预期的功能要求；集成测试验证了两个或多个单元之间的集成是否正确，并且有针对性地对详细设计中所定义的各单元之间的接口进行检查；在单元测试和集成测试完成之后，系统测试开始用客户环境模拟系统的运行，以验证系统是否达到了概要设计中所定义的功能和性能；最后，当技术部门完成了所有测试工作，由业务专家或用户进行验收测试，以确保产品能真正符合用户业务上的需要。图 3-2 描绘出了各个测试环节在整个软件测试工作中的相互联系与制约关系。

2. 软件测试过程

软件测试过程按各测试阶段的先后顺序可分为单元测试、集成测试、确认（有效性）测试、系统测试和验收（用户）测试 5 个阶段，如图 3-3 所示。

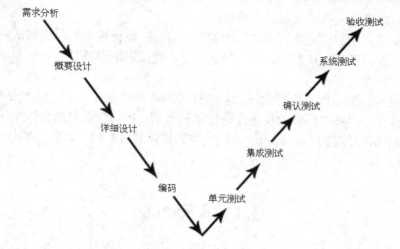

图 3-2　V 模型示意图

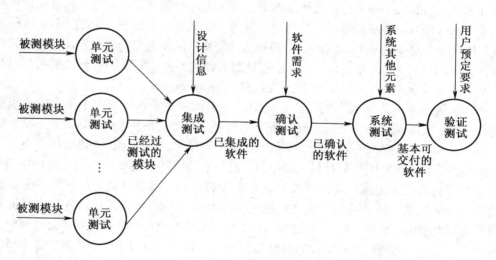

图 3-3　测试各阶段示意图

（1）单元测试：测试执行的开始阶段。测试对象是每个单元。测试目的是保证每个模块或组件能正常工作。单元测试主要采用白盒测试方法，检测程序的内部结构。

（2）集成测试：也称组装测试。在单元测试基础上，对已测试过的模块进行组装，进行集成测试。测试目的是检验与接口有关的模块之间的问题。集成测试主要采用黑盒测试方法。

（3）确认测试：也称有效性测试。在完成集成测试后，验证软件的功能和性能及其他特性是否符合用户要求。测试目的是保证系统能够按照用户预定的要求工作。确认测试通常采用黑盒测试方法。

（4）系统测试：在完成确认测试后，为了检验它能否与实际环境（如软硬件平台、数据和人员等）协调工作，还需要进行系统测试。可以说，系统测试之后，软件产品基本满足开发要求。

（5）验收测试：测试过程的最后一个阶段。验收测试主要突出用户的作用，同时软件开发人员也应该参与进去。

软件测试阶段的输入信息包括以下两类：

- 软件配置：指测试对象。通常包括需求说明书、设计说明书和被测试的源程序等；
- 测试配置：通常包括测试计划、测试步骤、测试用例以及具体实施测试的测试程序、测试工具等。

对测试结果与预期的结果进行比较以后，即可判断是否存在错误，决定是否进入排错阶段，进行调试任务。对修改以后的程序要进行重新测试，因为修改可能会带来新的问题。

通常根据出错的情况得到出错率，来预估被测软件的可靠性，这将对软件运行后的维护工作有重要价值。

3.3　单元测试

1．单元测试的定义

单元测试（Unit Testing）是对软件基本组成单元进行的测试。单元测试的对象是软件设计的最小单位——模块。很多人将单元的概念误解为一个具体函数或一个类的方法，这种理解并不准确。作为一个最小的单元，应该有明确的功能定义、性能定义和接口定义，而且可以清晰地与其他单元区分开来。一个菜单、一个显示界面或者能够独立完成的具体功能都可以是一个单元。从某种意义上单元的概念已经扩展为组件（component）。

单元测试通常是开发者编写的一小段代码，用于检验被测代码的一个很小的、很明确的功能是否正确。通常而言，一个单元测试是用于判断某个特定条件（或者场景）下某个特定函数的行为。例如，可以把一个很大的值放入一个有序表中去，然后确认该值出现在有序表的尾部。或者从字符串中删除匹配某种模式的字符，然后确认字符串确实不再包含这些字符了。单元测试由程序员自己来完成，最终受益的也是程序员自己。可以这么说，程序员有责任编写功能代码，同时也就有责任为自己的代码编写单元测试。执行单元测试，就是为了证明这段代码的行为和期望的一致性。打一个比喻，就像工厂在组装一台电视机之前，会对每个元件都进行测试，这就是单元测试。其实我们每天都在做单元测试。你写了一个函数，除了极简单的外，总是要执行一下，看看软件的功能是否正常，有时还要想办法输出些数据，比如弹出信息窗口什么的。这也是单元测试，一般把这种单元测试称为临时单元测试。对于程序员来说，如果养成了对自己写的代码进行单元测试的习惯，不但可以写出高质量的代码，还能提高编程水平。

2．单元测试的目标

单元测试的主要目标是确保各单元模块被正确地编码。单元测试除了保证测试代码的功能性，还需要保证代码在结构上具有可靠性和健全性，并且能够在所有条件下正确响应。进行全面的单元测试，可以减少应用级别所需的工作量，并且彻底减少系统产生错误的可能性。如果手动执行，单元测试可能需要大量的工作，自动化测试会提高测试效率。

3．单元测试的内容

单元测试的主要内容有模块接口测试、局部数据结构测试、独立路径测试、错误处理测试、边界条件测试。

如图 3-4 所示，这些测试都作用于模块，共同完成单元测试任务。

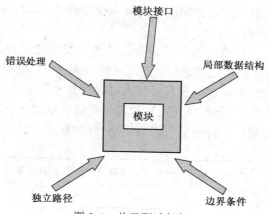

图 3-4　单元测试任务

（1）模块接口测试：对通过被测模块的数据流进行测试。为此，对模块接口，包括参数表、调用子模块的参数、全程数据、文件输入/输出操作都必须检查。

（2）局部数据结构测试：设计测试用例检查数据类型说明、初始化、默认值等方面的问题，还要查清全程数据对模块的影响。

（3）独立路径测试：选择适当的测试用例，对模块中重要的执行路径进行测试。基本路径测试和循环测试可以发现大量的路径错误，是最常用且最有效的测试技术。

（4）错误处理测试：检查模块的错误处理功能是否包含有错误或缺陷。例如，是否拒绝不合理的输入；出错的描述是否难以理解、是否对错误定位有误、是否出错原因报告有误、是否对错误条件的处理不正确；在对错误处理之前，错误条件是否已经引起系统的干预等。

（5）边界条件测试：要特别注意数据流、控制流中刚好大于、等于或小于确定的比较值时出错的可能性。对这些地方要仔细地选择测试用例，认真加以测试。此外，如果对模块运行时间有要求的话，还要专门进行关键路径测试，以确定最坏情况下和平均意义下影响模块运行时间的因素。这类信息对进行性能评价是十分有用的。

4．单元测试的步骤

通常单元测试在编码阶段进行。当源程序代码编制完成，经过评审和验证，确认没有语法错误之后，就开始进行单元测试的测试用例设计。利用设计文档，设计可以验证程序功能、找出程序错误的多个测试用例。对于每一组输入，应有预期的正确结果。

模块接口测试中的被测模块并不是一个独立的程序，在考虑测试模块时，同时要考虑它和外界的联系，用一些辅助模块去模拟与被测模块相关联的模块。这些辅助模块可分为两种：

（1）驱动模块（driver）：相当于被测模块的主程序。它接收测试数据，把这些数据传送给被测模块，最后输出实测结果。

（2）桩模块（stub）：用以代替被测模块调用的子模块。桩模块可以做少量的数据操作，不需要把子模块所有功能都带进来，但不允许什么事情也不做。

被测模块、与它相关的驱动模块以及桩模块共同构成了一个"测试环境"，如图 3-5 所示。

如果一个模块要完成多种功能，并且以程序包或对象类的形式出现，例如 Ada 中的包、MODULA 中的模块、C++中的类，这时可以将模块看成由几个小程序组成。对其中的每个小程序，先进行单元测试要做的工作，对关键模块还要做性能测试。对支持某些标准规程的程序，更要着手进行互联测试。有人把这种情况特别称为模块测试，以区别单元测试。

5. 采用单元测试的原因

程序员编写代码时，一定会反复调试，保证其能够编译通过。如果是编译没有通过的代码，没有任何人会愿意交付给自己的老板。但代码通过编译，只是说明了它的语法正确，程序员却无法保证它的语义也一定正确。没有任何人可以轻易承诺这段代码的行为一定是正确的，单元测试这时会为此做出保证。编写单元测试就是用来验证这段代码的行为是否与软件开发人员期望的一致。有了单元测试，程序员可以自信地交付自己的代码，而没有任何的后顾之忧。

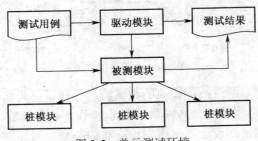

图 3-5　单元测试环境

什么时候进行单元测试呢？单元测试越早越好。早到什么程度呢？开发理论讲究TDD（测试驱动开发），即先编写测试代码，再进行开发。在实际的工作中，可以不必过分强调先干什么后干什么，重要的是高效和感觉舒适。从实际开发经验来看，先编写产品函数的框架，然后编写测试函数，针对产品函数的功能编写测试用例，然后编写产品函数的代码，每写一个功能点都运行测试，随时补充测试用例。所谓先编写产品函数的框架，是指先编写函数空的实现，有返回值的随便返回一个值，编译通过后再编写测试代码。这时，函数名、参数表、返回类型都应该确定下来了，所编写的测试代码以后需修改的可能性比较小。

由谁来完成单元测试呢？单元测试与其他测试不同，单元测试可看作是编码工作的一部分，应该由程序员完成。也就是说，经过了单元测试的代码才是已完成的代码，提交产品代码时也要同时提交测试代码。测试部门可以进行一定程度的审核。在传统的结构化编程语言中，比如 C 语言，要进行测试的单元一般是函数或子过程。在像 C++这样的面向对象的语言中，要进行测试的基本单元是类。对 Ada 语言来说，开发人员可以选择是在独立的过程和函数上进行单元测试，还是在 Ada 包的级别上进行。单元测试的原则同样被扩展到第四代语言（4GL）的开发中，在这里基本单元被典型地划分为一个菜单或显示界面。单元测试是作为无错编码的一种辅助手段，在一次性的开发过程中使用。另外，单元测试必须是可重复的，无论是在软件修改，还是移植到新的运行环境的过程中。因此，所有的测试都必须在整个软件系统的生命周期中进行维护。

通过单元测试，测试人员可以验证开发人员所编写的代码是按照先前设想的方式进行的，输出结果符合预期值，这就实现了单元测试的目的。与后面的测试相比，单元测试创建简单，维护容易，并且可以更方便的进行重复。《实用软件度量》（Capers Jones，McGraw-Hill 1991）列出了准备测试、执行测试和修改缺陷所花费的时间（以一个功能点为基准），这些测试显示出了单元测试的成本效率大约是集成测试的两倍、系统测试的三倍，如图 3-6 所示。术语域测试是指软件在投入使用后，针对某个领域所做的所有测试活动。

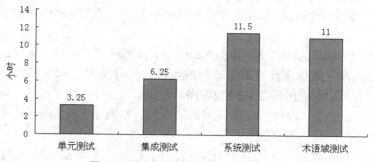

图 3-6　各测试阶段发现缺陷的耗时

3.4　集成测试

1. 集成测试的定义

在完成单元测试的基础上，需要将所有模块按照设计要求组装成为系统。这时需要考虑以下问题：

- 在把各个模块连接起来的时候，穿越模块接口的数据是否会丢失；
- 一个模块的功能是否会对另一个模块的功能产生不利的影响；
- 各个子功能组合起来，能否达到预期要求的父功能；
- 全局数据结构是否有问题；
- 单个模块的误差累积起来是否会放大，从而达到不能接受的程度；
- 单个模块的错误是否会导致数据库错误。

集成测试（Integration Testing）是介于单元测试和系统测试之间的过渡阶段，与软件开发计划中的软件概要设计阶段相对应，是单元测试的扩展和延伸。集成测试的定义是，根据实际情况对程序模块采用适当的集成测试策略组装起来，对系统的接口以及集成后的功能进行正确校验的测试工作。集成测试也称为综合测试。实践表明，软件的一些模块能够单独地工作，但连接之后并不保证能正常工作。程序在某些局部反映不出来的问题，在全局上有可能暴露出来，影响软件功能的实现。所以，集成测试是针对程序整体结构的测试。

2. 集成测试的层次

软件的开发过程是一个从需求分析到概要设计、详细设计以及编码实现的逐步细化的过程，那么单元测试到集成测试再到系统测试就是一个逆向求证的过程。集成测试内部对于传统软件和面向对象的应用系统有两种层次的划分。

对于传统软件来讲，可以把集成测试划分为三个层次：模块内集成测试、子系统内集成测试、子系统间集成测试。

对于面向对象的应用系统来说，可以把集成测试分为两个阶段：类内集成测试和类间集成测试。

3. 集成测试的模式

选择什么方式把模块组装起来形成一个可运行的系统，直接影响到模块测试用例的形式、所用测试工具的类型、模块编号的次序和测试的次序、生成测试用例的费用和调试的费用。集成测试模式是软件集成测试中的策略体现，其重要性是明显的，直接关系到软件测试的效率、结果等，一般是根据软件的具体情况来决定采用哪种模式。通常，把模块组装成为系统的测试方式有两种：

（1）一次性集成测试方式（No-Incremental Integration）

一次性集成测试方式也称作非增值式集成测试。先分别测试每个模块，再把所有模块按设计要求放在一起，结合成所需要实现的程序。

如图 3-7 所示是按照一次性集成测试方式的实例。如图 3-7（a）所示表示的是整个系统结构，共包含 6 个模块。具体测试过程如下：

- 如图 3-7（b）所示，为模块 B 配备驱动模块 D1，来模拟模块 A 对 B 的调用。为模块 B 配备桩模块 S1，来模拟模块 E 被 B 调用。对模块 B 进行单元测试；
- 如图 3-7（d）所示，为模块 D 配备驱动模块 D3，来模拟模块 A 对 D 的调用。为模块 D 配备桩模块 S2，来模拟模块 F 被 D 调用。对模块 D 进行单元测试；
- 如图 3-7（c）、图 3-7（e）、图 3-7（f）所示，为模块 C、E、F 分别配备驱动模块 D2、D4、D5。对模块 C、E、F 分别进行单元测试；
- 如图 3-7（g）表示，为主模块 A 配备三个桩模块 S3、S4、S5。对模块 A 进行单元测试；
- 在将模块 A、B、C、D、E 分别进行了单元测试之后，再一次性进行集成测试；
- 测试结束。

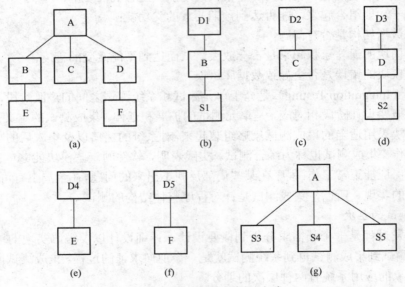

图 3-7　一次性集成测试方式

（2）增值式集成测试方式

把下一个要测试的模块同已经测好的模块结合起来进行测试，测试完毕，再把下一个应该测试的模块结合进来继续进行测试。在组装的过程中边连接边测试，以发现连接过程中产生的问题。通过增值逐步组装成为预先要求的软件系统。增值式集成测试方式有三种：

1）自顶向下增值测试方式（Top-down Integration）

主控模块作为测试驱动，所有与主控模块直接相连的模块作为桩模块；根据集成的方式（深度或广度），每次用一个模块把从属的桩模块替换成真正的模块；在每个模块被集成时，都必须已经进行了单元测试；进行回归测试以确定集成新模块后没有引入错误。这种组装方式将模块按系统程序结构，沿着控制层次自顶向下进行组装。自顶向下的增值方式在测试过程中较早地验证了主要的控制和判断点。选用按深度方向组装的方式，可以首先实现和验证一个完整的软件功能。

如图 3-8 所示表示的是按照深度优先方式遍历的自顶向下增值的集成测试实例。具体测试过程如下：

- 在树状结构图中，按照先左后右的顺序确定模块集成路线；
- 如图 3-8（a）所示，先对顶层的主模块 A 进行单元测试。就是对模块 A 配以桩模块 S1、S2 和 S3，用来模拟它所实际调用的模块 B、C、D，然后进行测试；
- 如图 3-8（b）所示，用实际模块 B 替换掉桩模块 S1，与模块 A 连接，再对模块 B 配以桩模块 S4，用来模拟模块 B 对 E 的调用，然后进行测试；
- 图 3-8（c）是将模块 E 替换掉桩模块 S4 并与模块 B 相连，然后进行测试；
- 判断模块 E 没有叶子结点，也就是说以 A 为根结点的树状结构图中的最左侧分支深度遍历结束。转向下一个分支；
- 图 3-8（d）所示，模块 C 替换掉桩模块 S2，连到模块 A 上，然后进行测试；
- 判断模块 C 没有桩模块，转到树状结构图的最后一个分支；
- 如图 3-8（e）所示，模块 D 替换掉桩模块 S3，连到模块 A 上，同时给模块 D 配以桩模块 S5，来模拟其对模块 F 的调用。然后进行测试；
- 如图 3-8（f）所示，去掉桩模块 S5，替换成实际模块 F 连接到模块 D 上，然后进行测试；
- 对树状结构图进行了完全测试，测试结束。

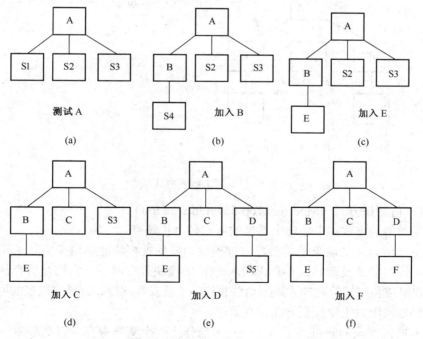

图 3-8　自顶向下增值测试方式

2）自底向上增值测试方式（Bottom-up Integration）

组装从最底层的模块开始，组合成一个构件，用以完成指定的软件子功能。编制驱动程序，协调测试用例的输入与输出；测试集成后的构件；按程序结构向上组装测试后的构件，同时除掉驱动程序。这种组装的方式是从程序模块结构的最底层的模块开始组装和测试。因为模块是自底向上进行组装，对于一个给定层次的模块，它的子模块（包括子模块的所有下属模块）已经组装并测试完成，所以不再需要桩模块。在模块的测试过程中，如果需要从子模块得到信息时可以直接运行子模块获得。

如图 3-9 表示的是按照自底向上增值的集成测试例子。首先，对处于树状结构图中叶子结点位置的模块 E、C、F 进行单元测试，如图 3-9（a）、图 3-9（b）和图 3-9（c）所示，分别配以驱动模块 D1、D2 和 D3，用来模拟模块 B、模块 A 和模块 D 对它们的调用。然后，如图 3-9（d）和图 3-9（e）所示，去掉驱动模块 D1 和 D3，替换成模块 B 和 D，分别与模块 E 和 F 相连，并且设立驱动模块 D4 和 D5 进行局部集成测试。最后，如图 3-9（f）所示，对整个系统结构进行集成测试。

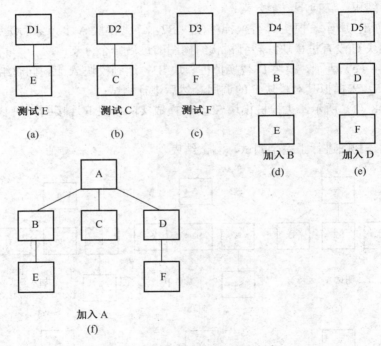

图 3-9　自底向上增值测试方式

3）混合增值测试方式（Modified Top-down Integration）

自顶向下增值的方式和自底向上增值的方式各有优缺点。

自顶向下增值方式的缺点是需要建立桩模块。要使桩模块能够模拟实际子模块的功能是十分困难的，同时涉及复杂算法。真正输入/输出的模块处在底层，它们是最容易出问题的模块，并且直到组装和测试的后期才遇到这些模块，一旦发现问题，会导致过多的回归测试。优点是能够较早地发现在主要控制方面存在问题。

自底向上增值方式的缺点是"程序一直未能作为一个实体存在，直到最后一个模块加上去后才形成一个实体"。就是说，在自底向上组装和测试的过程中，对主要的控制直到最后才接触到。优点是不需要桩模块，建立驱动模块一般比建立桩模块容易，同时由于涉及到复杂算法和真正输入/输出的模块最先得到组装和测试，可以在早期解决最容易出问题的部分。此外，自底向上增值的方式可以实施多个模块的并行测试。

鉴于此，通常是把以上两种方式结合起来进行组装和测试。

- 改进的自顶向下增值测试：基本思想是强化对输入/输出模块和引入新算法模块的测试，并自底向上组装成为功能相当完整且相对独立的子系统，然后由主模块开始自顶向下进行增值测试；
- 自底向上—自顶向下的增值测试（混和法）：首先对含读操作的子系统自底向上直至根结点模块进行组装和测试，然后对含写操作的子系统做自顶向下的组装与测试；
- 回归测试：这种方式采取自顶向下的方式测试被修改的模块及其子模块，然后将这一部分视为子系统，再自底向上测试，以检查该子系统与其上级模块的接口是否适配。

（3）一次性集成测试方式与增值式集成测试方式的比较

- 增值式集成方式需要编写的软件较多，工作量较大，花费的时间较多。一次性集成方式的工作量较小；
- 增值式集成方式发现问题的时间比一次性集成方式早；
- 增值式集成方式比一次性集成方式更容易判断出问题的所在，因为出现的问题往往和最后加进来的模块有关；
- 增值式集成方式测试更为彻底；
- 使用一次性集成方式可以多个模块并行测试。

这两种模式各有利弊，在时间条件允许的情况下，采用增值式集成测试方式有一定的优势。

（4）集成测试的组织和实施

集成测试是一种正规测试过程，必须精心计划，并与单元测试的完成时间协调起来。在制定测试计划时，应考虑如下因素：

- 采用何种系统组装方法来进行组装测试；
- 组装测试过程中连接各个模块的顺序；
- 模块代码编制和测试进度是否与组装测试的顺序一致；
- 测试过程中是否需要专门的硬件设备。

解决了上述问题之后，就可以列出各个模块的编制、测试计划表，标明每个模块单元测试完成的日期、首次集成测试的日期、集成测试全部完成的日期，以及需要的测试用例和所期望的测试结果。

在缺少软件测试所需要的硬件设备时，应检查该硬件的交付日期是否与集成测试计划一致。例如，若测试需要数字化仪和绘图仪，则相应测试应安排在这些设备能够投入使用之时，并需要为硬件的安装和交付使用保留一段时间，以留下时间余量。此外，在测试计划中需要考虑测试所需软件（驱动模块、桩模块、测试用例生成程序等）的准备情况。

4. 集成测试完成的标志

判定集成测试过程是否完成，可按以下几个方面检查：

- 成功地执行了测试计划中规定的所有集成测试；

- 修正了所发现的错误；
- 测试结果通过了专门小组的评审。

集成测试应由专门的测试小组来进行，测试小组由有经验的系统设计人员和程序员组成。整个测试活动要在评审人员出席的情况下进行。在完成预定的组装测试工作之后，测试小组应负责对测试结果进行整理、分析，形成测试报告。测试报告中要记录实际的测试结果、在测试中发现的问题、解决这些问题的方法以及解决之后再次测试的结果。此外还应提出目前不能解决、还需要管理人员和开发人员注意的一些问题，提供测试评审和最终决策，以提出处理意见。集成测试需要提交的文档有集成测试计划、集成测试规格说明、集成测试分析报告。

5. 采用集成测试的原因

所有的软件项目都不能摆脱系统集成这个阶段。不管采用什么开发模式，具体的开发工作总得从一个一个的软件单元做起，软件单元只有经过集成才能形成一个有机的整体。具体的集成过程可能是显性的也可能是隐性的。只要有集成，总是会出现一些常见问题，工程实践中，几乎不存在软件单元组装过程中不出任何问题的情况。集成测试需要花费的时间远远超过单元测试，直接从单元测试过渡到系统测试是非常危险的做法，可能使整个软件开发项目所耗费的时间成倍的增加。集成测试的必要性还在于一些模块虽然能够单独地工作，但并不能保证连接起来也能正常工作。程序在某些局部反映不出来的问题，有可能在全局上会暴露出来，影响功能的实现。

3.5 确认测试

1. 确认测试的定义

集成测试完成以后，分散开发的模块被连接起来，构成完整的程序。其中各模块之间接口存在的种种问题都已消除。于是测试工作进入确认测试（Validation Testing）阶段。

什么是确认测试，说法众多，其中最简明、最严格的解释是检验所开发的软件是否能按用户提出的要求运行。若能达到这一要求，则认为开发的软件是合格的。因而有的软件开发部门把确认测试称为合格性测试（Qualification Testing）。这里所说的客户要求，通常指的是在软件规格说明书中确定的软件功能和技术指标，或是专门为测试所规定的确认准则。在确认测试阶段需要做的工作如图 3-10 所示。首先要进行有效性测试以及软件配置审查，然后进行验收测试和安装测试，在通过了专家鉴定之后，才能成为可交付的软件。

确认测试又称为有效性测试。它的任务是验证软件的功能和性能及其特性是否与客户的要求一致。对软件的功能和性能要求在软件需求规格说明中已经明确规定。

2. 确认测试的准则

如何判断被开发的软件是否成功呢？为了确认它的功能、性能以及限制条件是否达到了要求，应该怎样进行测试呢？在需求规格说明书中可能作了原则性规定，但在测试阶段需要更详细、更具体地在测试规格说明书（Test Specification）中作进一步说明。例如，制定测试计划时，要说明确认测试应该测试哪些方面，并给出必要的测试用例。除了考虑功能和性能以外，还需要检验其他方面的要求。例如，可移植性、兼容性、可维护性、人机接口以及开发的文件资料等是否符合要求。经过确认测试，应该为已开发的软件做出结论性评价。这不外乎是以下两种情况之一：

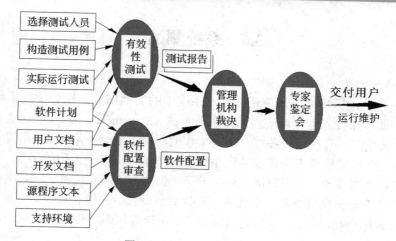

图 3-10   确认测试阶段的工作

- 经过检验的软件功能、性能及其他要求均已满足需求规格说明书的规定，因而可被接受，视为是合格的软件；
- 经过检验发现与需求说明书有相当的偏离，得到一个各项缺陷的清单。

对于第二种情况，往往很难在交付期以前把发现的问题纠正过来。这就需要开发部门和客户进行协商，找出解决的办法。

3.　进行确认测试

确认测试是在模拟的环境（可能是就是开发的环境）下，运用黑盒测试的方法，验证所测试件是否满足需求规格说明书列出的需求。为此，需要首先制定测试计划，规定要做测试的种类，还需要制定一组测试步骤，描述具体的测试用例。通过实施预定的测试计划和测试步骤，确定软件的特性是否与需求相符，确保所有的软件功能需求都能得到满足，所有的软件性能需求都能达到，所有的文档都是正确且易于使用。同时，对其他软件需求，例如可移植性、兼容性，自动恢复、可维护性等，也都要进行测试，确认是否满足。

4.　确认测试的结果

在全部软件测试的测试用例运行完后，所有的测试结果可以分为两类：

- 测试结果与预期的结果相符.说明软件的这部分功能或性能特征与需求规格说明书相符合，从而这部分程序被接受；
- 测试结果与预期的结果不符.说明软件的这部分功能或性能特征与需求规格说明不一致，因此要为它提交一份问题报告。

通过与用户的协商，解决所发现的缺陷和错误。确认测试应交付的文档有：确认测试分析报告、最终的用户手册和操作手册、项目开发总结报告。

5.　软件配置审查

软件配置审查是确认测试过程的重要环节。其目的是保证软件配置的所有成分都齐全，各方面的质量都符合要求，具备维护阶段所必需的细资料并且已经编排好分类的目录。除了按合同规定的内容和要求，由工人审查软件配置之外，在确认测试的过程，应当严格遵守用户手册和操作手册中规定的使用步骤，以便检查这些文档资料的完整性和正确性。必须仔细记录发现的遗漏和错误，并且适当地补充和改正。

3.6 系统测试

1．系统测试的定义

软件产品离不开运行环境，最终还是要和系统中的其他部分，比如硬件系统、数据信息等集成起来。因此，在投入运行以前要完成系统测试（System Testing），以保证各组成部分不仅能单独地得到检验，而且在系统各部分协调工作的环境下也能正常工作。尽管每一个检验有特定的目标，然而所有的检测工作都要验证系统中每个部分均得到正确的集成，并完成制定的功能。在软件的各类测试中，系统测试是最接近于人们的日常测试实践。它是将已经集成好的软件系统，作为整个计算机系统的一个元素，与计算机硬件、外设、某些支持软件、数据和人员等其他系统元素结合在一起，在实际运行环境下，对计算机系统进行一系列的组装测试和确认测试。

2．系统测试的流程

系统测试流程如图 3-11 所示。由于系统测试的目的是验证最终软件系统是否满足产品需求并且遵循系统设计，所以在完成产品需求和系统设计文档之后，系统测试小组就可以提前开始制定测试计划和设计测试用例，不必等到集成测试阶段结束。这样可以提高系统测试的效率。

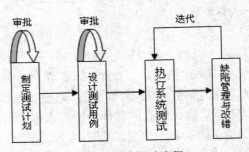

图 3-11 系统测试流程

3．系统测试的目标

- 确保系统测试的活动是按计划进行的；
- 验证软件产品是否与系统需求用例不相符合或与之矛盾；
- 建立完善的系统测试缺陷记录跟踪库；
- 确保及时通知相关小组和个人软件系统测试活动及其结果。

4．系统测试的方针

- 为项目指定一个测试工程师负责贯彻和执行系统测试活动；
- 测试组向各事业部总经理/项目经理报告系统测试的执行状况；
- 系统测试活动遵循文档化的标准和过程；
- 向外部用户提供经系统测试验收通过的项目；
- 建立相应项目的（BUG）缺陷库，用于系统测试阶段项目不同生命周期的缺陷记录和缺陷状态跟踪；
- 定期对系统测试活动及结果进行评估，向各事业部经理/项目办总监/项目经理汇报项目的产品质量信息及数据。

5. 系统测试的设计

为了保证系统测试质量，必须在测试设计阶段就对系统进行严密的测试设计。这就需要在测试设计中，从多方面考虑系统规格的实现情况。通常需要从以下几个层次来进行设计：用户层、应用层、功能层、子系统层、协议层。

- 用户层：主要是面向产品最终的使用操作者的测试。这里重点突出的是站在操作者角度上，测试系统对用户支持的情况，用户界面的规范性、友好性、可操作性，以及数据的安全性。主要包括：用户支持测试、用户界面测试、可维护性测试、安全性测试。
- 应用层：针对产品工程应用或行业应用的测试。重点站在系统应用的角度，模拟实际应用环境，对系统的兼容性、可靠性、性能等进行的测试。主要有系统性能测试、系统可靠性测试、系统稳定性测试、系统兼容性测试、系统组网测试、系统安装升级测试。
- 功能层：针对产品具体功能实现的测试。主要包括：业务功能的覆盖、业务功能的分解、业务功能的组合、业务功能的冲突。
- 子系统层：针对产品内部结构性能的测试。关注子系统内部的性能、模块间接口的瓶颈。主要内容：单个子系统的性能、子系统间的接口瓶颈、子系统间的相互影响。
- 协议/指标层：针对系统支持的协议、指标的测试。测试内容：协议一致性测试、协议互通测试。

6. 几种常见的系统测试方法

（1）恢复测试

也叫容错测试，用来检查系统的容错能力。通常若计算机系统出现错误，就必须在一定时间内从错误中恢复过来，修正错误并重新启动系统。

恢复测试是通过各种手段，让软件强制性地出错，使其不能正常工作，从而检验系统的恢复能力。对于自动恢复系统，即由系统自身完成恢复工作，则应该检验重新初始化、检查点、数据恢复和重新启动等机制的正确性。对于人工干预恢复系统，要评估平均修复时间是否在可接受的范围。

（2）安全测试

安全测试的目的在于检查系统对外界非法入侵的防范能力。在安全测试过程中，测试者扮演着非法入侵者，采用各种手段试图突破防线，攻击系统。例如，测试者可以尝试通过外部的手段来破译系统的密码，或者可以有目的地引发系统错误，试图在系统恢复过程中侵入系统等。

系统的安全测试要设置一些测试用例，试图突破系统的安全保密防线，用来查找系统的安全保密的漏洞。

系统安全测试的准则是让非法侵入者攻击系统的代价大于保护系统安全的价值。

（3）强度测试

也称压力测试、负载测试。强度测试是要破坏程序，检测非正常的情况下系统的负载能力。

强度测试模拟实际情况下的软硬件环境和用户使用过程的系统负荷，长时间或超负荷地运行测试软件来测试系统，以检验系统能力的最高限度，从而了解系统的可靠性、稳定性等。例如，将输入的数据值提高一个或几个数量级来测试输入功能的响应等。

实际上，强度测试就是在一些特定情况下所做的敏感测试。比如数学算法中，在一个有效的数据范围内定义一个极小范围的数据区间，这个数据区间中的数据本应该是合理的，但往往又可能会引发异常的状况或是引起错误的运行，导致程序的不稳定性。敏感测试就是为了发现这种在有效的输入数据区域内可能会引发不稳定性或者引起错误运行的数据集合和组合。

（4）性能测试

性能测试用来测试软件在系统运行时的性能表现，比如运行速度、系统资源占有或响应时间等情况。对于实时系统或嵌入式系统，若只能满足功能需求而不能满足性能需求，是不能被接受的。

性能测试可以在测试过程的任意阶段进行，例如，在单元层，一个独立的模块也可以运用白盒测试方法进行性能评估。但是，只有当一个系统的所有部分都集成后，才能检测此系统的真正性能。

（5）容量测试

容量测试是指在系统正常运行的范围内测定系统能够处理的数据容量，测试系统承受超额数据容量的能力。系统容量必须满足用户需求，如果不能满足实际要求，必须努力改进，寻求解决办法。暂时无法解决的，需要在产品说明书中给予说明。

（6）正确性测试

正确性测试是为了检测软件的各项功能是否符合产品规格说明的要求。软件的正确性与否关系着软件的质量好坏，所以非常重要。

正确性测试的总体思路是设计一些逻辑正确的输入值，检查运行结果是不是期望值。

正确性测试主要有两种方法，一个是枚举法，另一个是边界值法。

1）对于枚举法，其特点是在测试时应尽量设法减少枚举的次数，从而降低测试的投入成本。次数减少的关键因素就是正确寻找等价区间，因为在等价区间里，只要随意选取一个值测试一次就可以了。

数学定义中，等价区间的概念如下：若 (a, b) 是命题 $f(x)$ 的一个等价区间，在 (a, b) 中任意取 x_1 进行测试。如果 $f(x_1)$ 错误，那么 $f(x)$ 在整个 (a, b) 区间都将出错；如果 $f(x_1)$ 正确，那么 $f(x)$ 在整个 (a, b) 区间都将正确。

枚举法需要凭借直觉和经验来找到等价区间，在程序相当复杂的情况下，枚举测试就显得很有难度。

2）边界值测试，即采用定义域或者等价区间的边界值进行测试。因为程序设计人员很容易疏忽边界值，程序也最容易在边界值上出问题。例如，测试平方根函数的一段程序，凭直觉输入等价区间应是 $(0, 1)$ 和 $(1, +\infty)$。可取 $x=0.5$ 以及 $x=0.2$ 进行等价测试，再取 $x=0$ 以及 $x=1$ 进行边界值测试。

（7）可靠性测试

可靠性测试是从验证的角度出发，检验系统的可靠性是否达到预期的目标，同时给出当前系统可能的可靠性增长情况。可靠性测试需要从用户角度出发，模拟用户实际使用系统的情况，设计出系统的可操作视图。在这个基础上，根据输入空间的属性以及依赖关系导出测试用例，然后在仿真的环境或真实的环境下执行测试用例，并记录测试的数据。

对可靠性测试来说，最关键的是测试软件系统的失效间隔时间、失效修复时间、失效数量、失效级别数据等。根据获得的测试数据，应用可靠性模型，可以得到系统的失效率以及可靠性增长趋势。

（8）兼容性测试

如今，客户对各个开发商和各种软件之间相互兼容、共享数据的能力要求越来越高，所以对软件兼容性的测试就非常重要。

软件兼容性测试是检测各软件之间能否正常地交互、共享信息，能否正确地和软件合作完成数据处理。从而保障软件能够按照客户期望的标准进行交互，多个软件共同完成指定的任务。

交互可以在运行于同一台计算机上的两个程序之间进行，也可以通过因特网，在远距离连接的两个程序间进行。同时可以简化为在移动存储设备上保存数据，再在其他计算机上运行。

兼容性的测试通常需要解决以下问题：新开发的软件需要与哪种操作系统、Web 浏览器和应用软件保持兼容，如果要测试的软件是一个平台，那么要求应用程序能在其上运行。应该遵守哪种定义软件之间交互的标准或者规范。软件使用何种数据与其他平台及新的软件进行交互和共享信息。

兼容性通常有以下几种：

1）向前兼容与向后兼容。向前兼容是指可以使用软件的未来版本，向后兼容是指可以使用软件的以前版本。并非所有的软件都能够向前兼容和向后兼容。

2）不同版本间的兼容。实现测试平台和应用软件多个版本之间能够正常工作是一项困难的任务。例如，现在要测试一个流行的操作系统的新版本，当前的操作系统可能包含上百万程序。新操作系统要求与之百分之百兼容。因为不可能在一个操作系统上测试所有的软件程序，因此需要决定哪些是最重要的，必须要进行的。对于测试新的应用软件程序也一样，需要决定在何种平台上进行测试，与什么样的应用程序一起测试。

3）标准和规范。适用于软件平台的标准和规范有两个级别：高级标准和低级标准。

高级标准是产品应当普遍遵守的，例如，软件能在何种操作系统上运行？是因特网上的程序吗？它运行于何种浏览器？每一项问题都关系到平台，假若应用程序声明与某个平台兼容，就必须遵守关于该平台的标准和规范。例如，"MS Windows"是微软公司认证徽标，为了得到这个徽标，软件必须通过独立测试实验室的兼容性测试，其目的就是确保软件在 Windows 操作系统上能平稳可靠地运行。

低级标准是对产品开发细节的描述，从某种意义上说，低级标准比高级标准更加重要。假如创建了一个运行在 Windows 上的程序，但它与其他 Windows 软件在界面和操作上都有很大的不同，结果是它不会获得"MS Windows"认证徽标。如果是一个图形软件，保存的文件格式却不符合图片文件扩展名的标准，用户就无法在其他程序中查看该文件。软件与标准不兼容，基本上将较快地被淘汰。

同样，通信协议、编程语言的语法以及用于共享信息的任何形式都必须符合公开的标准与规范。

4）数据共享兼容。应用程序之间共享数据增强了软件功能。支持并遵守公开的标准，允许用户与其他软件无障碍地传输数据，这个程序就是一个兼容性好的产品。

在 Windows 环境下，剪切、复制和粘贴是程序间常见的一种数据共享方式。在此状况下，传输通过剪贴板的程序来实现。剪贴板设计能存放各种不同的数据类型。Windows 中常见的数据类型包括文本、图片和声音等，这些数据类型可以有各种格式。若对某个程序进行兼容性测试，就要确认其数据能够利用剪贴板与其他程序进行相互复制。其后有大量的代码支持这一兼容特性，其中的测试工作也是一项挑战。另外，通常我们最熟悉的数据共享方式是读写移动外存，如软磁盘、U 盘、移动硬盘等，但文件的数据格式必须符合标准，才能在多台计算机上保持兼容。

（9）Web 网站测试

Web 网站测试是面向因特网 Web 页面的测试。众所周知，因特网网页是由文字、图形、声音、视频和超级链接等组成的文档。网络客户端用户通过在浏览器中的操作，搜索浏览所需要的信息资源。

针对 Web 网站这一特定类型软件的测试，包含了许多测试技术，如功能测试、压力/负载测试、配置测试、兼容性测试、安全性测试等。黑盒测试、白盒测试、静态测试和动态测试都有可能被采用。

通常 Web 网站测试的内容包含以下方面：功能测试、性能测试、安全性测试、可用性/易用性测试、配置和兼容性测试、数据库测试、代码合法性测试、完成测试。

Web 网站测试将在本书第 10 章中作详细介绍。

3.7　验收测试

1. 验收测试的定义

验收测试（Acceptance Testing）是向未来的用户表明系统能够像预定的要求那样工作。通过综合测试之后，软件已完全组装起来，接口方面的错误也已排除，软件测试的最后一步——验收测试即可开始。验收测试是软件产品完成了功能测试和系统测试之后，在产品发布之前所进行的软件测试活动，是技术测试的最后一个阶段。通过了验收测试，产品就可以正式进入发布阶段。验收测试应检查软件能否按合同要求进行工作，即是否满足软件需求说明书中的确认标准。验收测试是发布软件之前的最后一个测试操作。验收测试的目的是确保软件准备就绪，并且可以让最终用户将其用于执行软件的既定功能和任务。验收测试是检验软件产品质量的最后一道工序。验收测试通常更突出客户的作用，同时软件开发人员也有一定的参与。如何组织好验收测试并不是一件容易的事。以下对验收测试的任务、目标以及验收测试的组织管理给出详细介绍。

2. 验收测试的内容

软件验收测试应完成的工作内容如下：要明确验收项目，规定验收测试通过的标准；确定测试方法；决定验收测试的组织机构和可利用的资源；选定测试结果分析方法；指定验收测试计划并进行评审；设计验收测试所用的测试用例；审查验收测试的准备工作；执行验收测试；分析测试结果；做出验收结论，明确通过验收或不通过验收，给出测试结果。

在验收测试计划当中，可能包括的检验方面有以下几种：

（1）功能测试，如完整的工资计算过程。

（2）逆向测试，如检验不符合要求数据而引起出错的恢复能力。

（3）特殊情况，如极限测试、不存在的路径测试。

（4）文档检查。

（5）强度检查，如大批量的数据或者最大用户并发使用。

（6）恢复测试，如硬件故障或用户不良数据引起的一些情况。

（7）可维护性的评价。

（8）用户操作测试，如启动、退出系统等。

（9）用户友好性检验。

（10）安全测试。

3. 验收测试的标准

实现软件确认要通过一系列黑盒测试。验收测试同样需要制订测试计划和过程，测试计划应规定测试的种类和测试进度，测试过程则定义一些特殊的测试用例，旨在说明软件与需求是否一致。无论是计划还是过程，都应该着重考虑软件是否满足合同规定的所有功能和性能，文档资料是否完整、准确，人机界面和其他方面（例如，可移植性、兼容性、错误恢复能力和可维护性等）是否令用户满意。

验收测试的结果有两种可能，一种是功能和性能指标满足软件需求说明的要求，用户可以接受；另一种是软件不满足软件需求说明的要求，用户无法接受。如果项目进行到这个阶段才发现有严重错误和偏差，一般很难在预定的工期内改正，因此必须与用户协商，寻求一个妥善解决问题的方法。

4. 验收测试的常用策略

选择的验收测试的策略通常建立在合同需求、组织和公司标准以及应用领域的基础上。实施验收测试的常用策略有三种，它们分别是：

（1）正式验收测试：正式验收测试是一项管理严格的过程，它通常是系统测试的延续。计划和设计这些测试的周密和详细程度不亚于系统测试。选择的测试用例应该是系统测试中所执行测试用例的子集。不要偏离所选择的测试用例方向，这一点很重要。在很多组织中，正式验收测试是完全自动执行的。对于系统测试，活动和工件是一样的。在某些组织中，开发组织（或其独立的测试小组）与最终用户组织的代表一起执行验收测试。在其他组织中，验收测试则完全由最终用户组织执行，或者由最终用户组织选择人员组成一个客观公正的小组来执行。

E 式验收测试的优点是要测试的功能和特性都是明确的；测试的细节是已知的并且可以对其进行评测；测试可以自动执行，支持回归测试；可以对测试过程进行评测和监测；可接受性标准是已知的。

当然，正式验收测试也有缺点，主要有：测试要求大量的资源和计划，而且这些测试可能是系统测试的再次实施，也可能无法发现软件中由于主观原因造成的缺陷，这是因为只查找了预期要发现的缺陷。

（2）非正式验收或 Alpha 测试：在非正式验收测试中，执行测试过程的限定不像正式验收测试中那样严格。在此测试中，确定并记录要研究的功能和业务任务，但没有可以遵循的特定测试用例。测试内容由各测试员决定。这种验收测试方法不像正式验收测试那样组织有序，而且更为主观。大多数情况下，非正式验收测试是由最终用户组织执行的。

非正式验收测试的优点是：要测试的功能和特性都是已知的；可以对测试过程进行评审和监测；可接受性标准是已知的；非正式验收测试和正式验收测试相比，可以发现更多由于主观测试的原因造成的缺陷。

非正式验收缺点包括：要求资源、计划和管理资源；无法控制所使用的测试用例；最终用户可能沿用系统工作的方式，且可能无法发现缺陷；最终用户可能更专注于比较新系统与遗留系统，而不是查找缺陷；用于验收测试的资源不受项目的控制，并且可能受到压缩。

（3）Beta 测试：与以上两种验收测试策略相比，Beta 测试需要的控制是最少的。在 Beta 测试中，采用的细节多少、数据和方法完全由各测试员决定。各测试员负责创建自己的环境、选择数据，并决定要研究的功能、特性或任务。各测试员负责确定自己对于系统当前状态的接受标准。Beta 测试由最终用户实施，通常开发组织对其管理很少或不进行管理。Beta 测试是所有验收测试策略中最主观的。

Beta 测试形式的优点是：测试由最终用户实施；大量的潜在测试资源；提高客户对参与人员的满意程度；与正式或非正式验收测试相比，可以发现更多由于主观原因造成的缺陷。

Beta 测试的缺点包括：未对所有功能和/或特性进行测试；测试流程难以评测；最终用户可能沿用系统工作的方式，并可能没有发现或报告缺陷；最终用户可能更专注于比较新系统与遗留系统，而不是查找缺陷；用于验收测试的资源不受项目的控制，并且可能受到压缩；可接受性标准是未知的；需要更多辅助性资源来管理 Beta 测试员。

5. 验收测试的过程

验收测试的工作流程如图 3-12 所示，主要步骤如下：

- 验收测试的项目洽谈。
- 验收测试合同。
- 提交测试样品及相关资料。
- 软件需求分析：要分析测试样品及其相关资料，要了解软件功能和性能要求、软硬件环境要求等，并特别要了解软件的质量要求和验收要求。综合分析产品是否达到验收测试状态，未达到验收测试状态的产品，要返回"提交测试样品及相关资料"步骤；达到验收测试状态的产品，可以向下执行。
- 编制《验收测试计划》和《项目验收准则》：测试计划在需求分析阶段建立，根据软件需求和验收要求编制测试计划，制定需测试的测试项，制定测试策略及验收通过准则，并经过客户参与相关计划的评审。
- 进行项目相关知识培训。
- 测试设计和测试用例设计：根据《验收测试计划》和《项目验收准则》编制测试用例和相关方案。
- 测试方案评审：评审测试实施方案和相关测试用例。
- 测试环境搭建：建立测试的硬件环境、软件环境等（可在委托客户提供的环境中进行测试）。
- 实施测试：进行验收测试并记录测试结果。
- 编制验收测试报告并组织评审：根据验收通过准则分析测试结果，确定验收是否通过并做出测试评价。
- 提交验收测试报告：根据测试结果编制缺陷报告和验收测试报告，并提交给客户。

6. 验收测试的总体思路

用户验收测试是软件开发结束后，用户对软件产品投入实际应用以前进行的最后一次质量检验活动。它要回答开发的软件产品是否符合预期的各项要求，以及用户能否接受的问题。由于它不只是检验软件某个方面的质量，而是要进行全面的质量检验，并且要决定软件是否合格，因此验收测试是一项严格的正式测试活动。

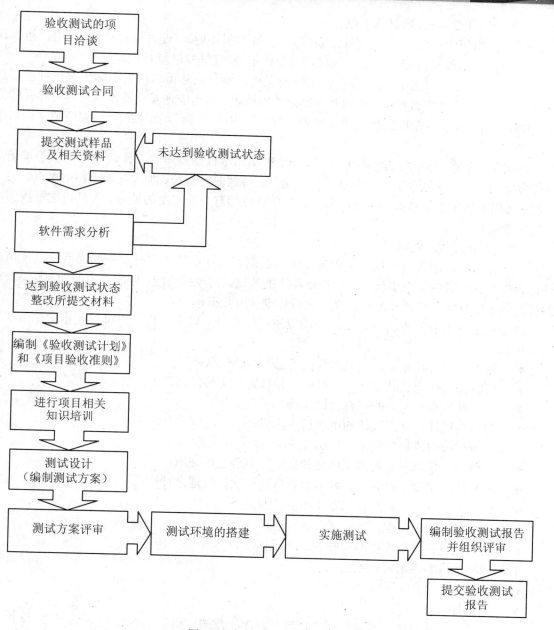

图 3-12　验收测试的工作流程

　　用户验收测试可以分为两个大的部分：软件配置审核和可执行程序测试，其大致顺序可分为文档审核、源代码审核、配置脚本审核、测试程序或脚本审核、可执行程序测试。

　　（1）软件配置审核

对于一个外包的软件项目而言，软件承包方通常要提供如下相关的软件配置内容：

- 可执行程序、源程序、配置脚本、测试程序或脚本；
- 主要的开发类文档：《需求分析说明书》《概要设计说明书》《详细设计说明书》《数据库设计说明书》《测试计划》《测试报告》《程序维护手册》《程序员开发手册》《用

户操作手册》《项目总结报告》；

- 主要的管理类文档：《项目计划书》《质量控制计划》《配置管理计划》《用户培训计划》《质量总结报告》《评审报告》《会议记录》《开发进度月报》。

不论项目规模的大小，都必须具备上述的文档内容，只是可以根据实际情况进行重新组织。审核要达到的基本目标是：根据共同制定的审核表，尽可能地发现被审核内容中存在的问题，并最终得到解决。在根据相应的审核表进行文档审核和源代码审核时，还要注意文档与源代码的一致性。

在实际的验收测试执行过程中，常常会发现文档审核是最难的工作，一方面由于市场需求等方面的压力，使这项工作常常被弱化或推迟，持续时间变长，加大文档审核的难度；另一方面，文档审核中不易把握的地方非常多，每个项目都有一些特别的地方，而且也很难找到可用的参考资料。

（2）可执行程序的测试

当文档审核、源代码审核、配置脚本审核、测试程序或脚本审核都顺利完成后，就可以进行验收测试的最后一个步骤——可执行程序的测试，它包括功能、性能等方面的测试，每种测试也都包括目标、启动标准、活动、完成标准和度量五部分。

在真正进行用户验收测试之前，一般应该已经完成了以下工作（也可以根据实际情况选取或增加）：

- 软件开发已经完成，并全部解决了已知的软件缺陷；
- 验收测试计划已经过评审并批准，并且置于文档控制之下；
- 对软件需求说明书的审查已经完成；
- 对概要设计、详细设计的审查已经完成；
- 对所有关键模块的代码审查已经完成；
- 对单元、集成、系统测试计划和报告的审查已经完成；
- 所有的测试脚本已完成，并至少执行过一次，且通过评审；
- 使用配置管理工具且代码置于配置控制之下；
- 软件问题处理流程已经就绪；
- 已经制定、评审并批准验收测试完成标准。

具体的测试内容通常可以包括：

- 安装（升级）；
- 启动与关机；
- 功能测试（正例、重要算法、边界、时序、反例、错误处理）；
- 性能测试（正常的负载、容量变化）；
- 压力测试（临界的负载、容量变化）；
- 配置测试；
- 平台测试；
- 安全性测试；
- 恢复测试（在出现掉电、硬件故障或切换、网络故障等情况时，系统是否能够正常运行）；
- 可靠性测试。

性能测试和压力测试一般情况下是在一起进行的，通常还需要辅助工具的支持。在进行性能测试和压力测试时,测试范围必须限定在那些使用频度高和时间要求苛刻的软件功能子集中。由于开发方已经事先进行过性能测试和压力测试,因此可以直接使用开发方的辅助工具。也可以通过购买或自己开发来获得辅助工具。如果执行了所有的测试案例、测试程序或脚本,用户验收测试中发现的所有软件问题都已解决,而且所有的软件配置均已更新和审核,可以反映出软件在用户验收测试中所发生的变化,用户验收测试就完成了。

小　　结

　　软件测试的复杂性和经济性说明测试过程需要运用多种策略,针对不同的被测试程序状况选用不同的测试方法。

　　通常,对于一个大型的软件系统,测试流程由多个必经阶段组成:单元测试、集成测试、确认测试、系统测试和验收测试。

　　单元测试是在软件测试过程中最基础级别的测试活动,目的是检测程序中的模块有无软件故障存在。

　　集成测试是把通过单元测试的各模块边组装边测试,来检测与程序接口方面的故障。

　　确认测试是按照软件需求规格说明来验证软件产品是否满足需求规格的要求。

　　系统测试是对系统中各个组成部分进行综合测试。

　　验收测试是验收软件产品是否符合预定的各项要求,是否让用户满意。

习　　题

1. 简述软件测试的复杂性。
2. 对软件的经济性进行总结分析。
3. 阐述软件测试的充分性准则。
4. 如何描述测试流程整体框架?
5. 简述单元测试的目标。
6. 解释驱动模块和桩模块概念。
7. 简述集成测试的层次划分。
8. 归纳确认测试阶段的工作。
9. 简述系统测试的流程。
10. 归纳验收测试常用的策略。
11. 简述验收测试的流程。

第 4 章　软件测试环境的搭建

本章概述

本章主要介绍了测试环境在软件测试中的重要性及测试环境的要素，然后着重描述了测试环境的搭建过程和注意事项，最后论述了测试环境的管理。

4.1　测试环境的作用

软件测试环境包括设计环境、实施环境和管理环境三部分，是指为了完成软件测试工作所必需的计算机硬件、软件、网络设备、历史数据的总称。测试环境是测试实施的一个重要阶段，测试环境适合与否，会严重影响测试结果的真实性和正确性。测试环境包括硬件环境和软件环境，硬件环境指测试必需的服务器、客户端、网络连接设备，以及打印机/扫描仪等辅助硬件设备所构成的环境；软件环境指被测软件运行时的操作系统、数据库及其他应用软件构成的环境。

4.1.1　测试环境是软件测试的基础

测试环境贯穿了测试的各个阶段，每个测试阶段中，测试环境对测试的影响不一样。在测试的计划阶段，充分理解客户需求，掌握产品的基本特性有助于测试环境的设计，合理调度使用各种资源，申请获得未具备的资源，保证计划的顺利实施。如果在测试计划中规划了一个不正确的测试环境，直到实施的过程中才发现，浪费了大量的人力和物力取得一些无用的结果，即使只是遗漏了一些环境配置，如不能及时发现，及时申请购买或调用，也会影响整个项目的进度。在计划中，考虑周全很重要。

4.1.2　提高软件测试的工作效率

毫无疑问，稳定和可控的测试环境，可以使测试人员花费较少的时间完成测试用例的执行，也无须为测试用例、测试过程的维护花费额外的时间，并且可以保证每一个被提交的缺陷都可以在任何时候被准确地重现。简单地说，经过良好规划和管理的测试环境，可以尽可能地减少环境的变动对测试工作的不利影响，并可以对测试工作的效率和质量的提高产生积极的作用。

4.1.3　模拟实际运行时可能的各种情况

不同软件产品对测试环境有着不同的要求。如 C/S 及 B/S 架构相关的软件产品，那么对不同操作系统，如 Windows 系列、UNIX、Linux 甚至 Android 及 MacOS 等，这些测试环境都是必需的。而对于一些嵌入式软件，如手机软件，如果我们想测试一下有关功能模块的耗电情况、手机待机时间等，那么我们可能就需要搭建相应的电流测试环境了。当然测试中对于如手机网络等环境都有所要求。

综上，测试环境对软件测试来说十分重要，符合要求的测试环境能够帮助我们准确地测出软件问题，并且做出正确的判断，提高测试效率，对于软件企业保证产品质量、提高产品竞争力有着十分重要的意义。

但是为了测试一款软件，我们可能根据不同的需求点，要使用很多不同的测试环境。有些测试环境我们是可以搭建的，有些环境我们无法搭建或者搭建成本很高。不管如何，我们的目标是测试软件问题，保证软件质量。测试环境问题，最好还是根据具体产品以及开发者的实际情况而采取最经济的方式。

4.2　测试环境的要素

经过良好规划和配置的测试环境，可以尽可能地减少环境的变动对测试工作的不利影响，并可以对测试工作的效率和质量的提高产生积极的作用。配置测试环境是测试实施的一个重要阶段，测试环境适合与否会严重影响测试结果的真实性和正确性。一般来说，配置测试环境应该满足五个基本要素：硬件、软件、网络环境、数据准备、测试工具。其中硬件、软件是测试环境中的最基本的两个要素，并派生出后三者。

4.2.1　硬件环境

硬件环境是指软件赖以运行的硬件平台，例如工作组服务器、个人服务器、PC 机及配套设备等。测试中所需要的计算机的数量，以及对每台计算机的硬件配置要求，包括 CPU 的速度、内存和硬盘的容量、网卡所支持的速度、打印机的型号等。

例如，对一台服务器的标准来说，它的性能指标主要是由 CPU、主板、内存、硬盘、显示卡等决定。例如，服务器配置由 Intel 架构，双 Xeon CPU 主频是 2.4GHz，内存为 1GB，硬盘为 36GB SCSI 硬盘，网卡为 1000mb/s 自适应，机箱为 2u。此配置为标准配置，可以符合设计要求。所以通常一个较完善的测试环境均包括标准配置、最佳配置和最低配置的硬件设备。只是根据项目的需求和条件的限制所占的比例不同。如压力测试、性能测试、容量测试必须保证在标准配置及最佳配置的设备上运行，而功能测试、用户界面测试等完全可以在低配置上的机器上运行。

4.2.2　软件环境

软件环境是指支持待测软件运行的软件系统平台，包括用来保存各种测试工作中生成的文档和数据的服务器所必需的操作系统、数据库管理系统、中间件、WEB 服务器及其他必需组件的名称、版本，以及所要用到的相关补丁的版本。测试工具软件也是软件环境中派生出来的一部分。建立软件测试环境的原则是选择具有广泛代表性的重要操作系统和大量的应用程序。在兼容性测试中，软件环境尤其重要。例如 Web 测试，常见的操作系统如下：

- Windows 系列：例如 Windows XP，Windows 2003，Windows 7，Windows 8；
- UNIX 系列：例如 AIX6.1，Fedora21，Ubuntu14；
- MAC 系列：例如 Mac OS10；
- 嵌入式操作系统：VxWorks，pSOS，QNX 等。

常见的数据库管理系统有：

- 大型服务器数据库平台：Oracle 12c、DB2 9;
- 中小型服务器平台：PostgreSQL，MySQL;
- PC 平台：MS SQLServer 系列，Access;

平台常见的应用程序有 Microsoft Office 2003、Microsoft Office 2010、金山 WPS 等。

4.2.3　数据准备

在软件测试中测试的数据源非常重要，应尽可能地取得大量真实数据。无法取得真实数据时，应尽可能地模拟出大量的数据。数据准备包括数据量和真实性两个方面。现实中越来越多的产品需要处理大量的信息，不可避免地使用到了数据库系统。少量数据情况下，软件产品表现出色，一旦交付使用，数据急速增长，往往一个简单的数据查询操作就有可能耗费掉大量的系统资源，使产品性能下降，失去可用性，这样的案例已经很多。数据的真实性通常表现为正确数据和错误数据，在容错性测试中对错误数据的处理和系统恢复是测试的关键。对于更为复杂的嵌入式实时软件系统，例如惯性导航系统，仅有惯性平台还不够，为了产生测试数据，还必须使用惯性平台按照要求运动起来，也可以用软件来仿真外部设备，但开发仿真程序又并非易事。这都在测试中起到至关重要的作用。

4.2.4　网络环境

随着网络的普及，越来越多的软件产品离不开网络环境，网络环境是硬件因素和软件因素的综合。各种路由器、交换机、网线、网卡等是硬件基础，各种代理、网关、协议、防火墙等是软件基础。如果测试结果与接入 Internet 的线路的稳定性有关，那么应该考虑为测试环境租用单独的线路；如果测试结果与局域网内的网络速度有关，那么应该保证计算机的网卡、网线及用到的集线器、交换机都不会成为瓶颈。

正确的网络环境更离不开人的因素，搭建、维护、调整网络环境以适应测试的需要。人为地造成网络环境的错误，也将导致测试任务的失败。负责网络环境的测试人员应具备网络管理员的技术和能力。

4.2.5　测试工具

为了提高软件测试的效率，有时测试必须依托测试工具，以便测试过程的自动和半自动执行及测试结果的自动或半自动评审和报告，选择测试工具的描述包括两个方面：折中需求和实际条件来选择自己的测试工具；有重点地自行开发测试辅助工具。

现在一般测试工具分为：代码分析工具，自动或半自动测试过程管理工具，测试资源管理工具，文档编写工具、性能测试工具、缺陷跟踪管理系统等软件的名称、版本、License 数量，以及所要用到的相关补丁的版本。对于性能测试工具，则还应当特别关注所选择的工具是否支持被测应用所使用的协议。

4.3　搭建测试实验室步骤

搭建测试环境就是按照测试设计中设计的测试环境内容部署测试环境，具体包括：对数据库服务器、应用服务器、负载产生设备、实际运行的 PC 机设备等设备上的硬件、软件设备进行配置。

4.3.1 机房环境建设

为了保证软件测试系统稳定可靠运行，测试实验室机房必须满足计算机系统以及工作人员对温度、湿度、洁净度、风速度、电磁场强度、电源质量、噪音、照明、振动、防火、防盗、防雷、屏蔽和接地等的要求，所以需要为计算机系统寻求和建立能够充分发挥其功能、延长机器寿命，以及确保测试人员的身心健康，并满足其各项要求的合适的场地。

4.3.2 硬件环境的建立

按照软件测试的要求，为测试人员配置工作组服务器、个人服务器、PC 机及配套设备等。测试人员如果只用配置好的安装包进行安装环境，则说明环境就搭建成功，不用再额外配置环境。

硬件环境建立后要整理资料，记录配置清单，以便于测试环境的管理。

4.3.3 网络环境的建立

根据测试的需要，把工作组服务器、个人服务器、PC 机及其他设备，通过集线器、交换机、路由器等网络设备连接起来。如果需要，还可以把实验室计算机设备接入 Internet 线路，以备测试需要。

网络环境建设时要注意保证测试所需要的网络带宽的设计和测试，而且还要保证实际的运行带宽与理论设计的一致，以免在网络流量方面影响软件测试的结果。

网络环境配置完后，毕应该整理出网络拓扑结构图以备测试人员快速了解网络环境。

4.3.4 软件环境的建立

一般的搭建测试环境，可以通过配置组做好安装包来完成。所有子系统、组件、环境变量设置、注册、第三方软件、依赖项等全部配置好，做成安装包。测试人员只要拿安装包来安装环境就搭建成功，不用再额外配置了。

安装的过程要认真仔细，确保软件正常运行。因为我们目前的软件安装都是采用硬盘克隆的方式，所以第一台机器至关重要，不但不能缺少必需的软件，而且各个软件必须都能正常运行。这就需要我们反复调试，反复试验，只有确信这一台机器正常运转，我们才可以以它作母本进行克隆。

现在我们采取的克隆方法是利用 GHOST11 进行网络克隆，就是将做好的一台机器的硬盘整个作为一个映像文件，其他机器在 DOS 系统下连接到克隆服务器，进行整个的硬盘克隆。这种方式不用拆机器，实现起来工作量较小，而且因为可以多块硬盘同时克隆，节约时间，具体做法大家可以参照有关说明。

软件环境建立起来后要做好机器的硬盘保护，减少系统维护的工作量。

4.3.5 对整个测试环境杀毒

利用有效的正版杀毒软件检测软件环境，保证测试环境中没有病毒。否则会影响测试工作的顺利进行和测试的结果。

4.3.6 测试环境说明及备案

在软件的开发过程中，创建可复用的软件构件库的技术，是软件开发人员所追求的一种高级技术；同样也可以尝试着用应用软件来构建可"复用"的测试环境，利用这种方法可节省大约 90%的时间。往往要用到如 ghost、Drive Image 等磁盘备份工具软件；这些工具软件，主要实现对磁盘文件的备份和恢复（或称还原）功能；在应用这些工具软件之前，我们首先要做好以下几件十分必要的准备工作：

（1）确保所使用的磁盘备份工具软件本身的质量可靠性，建议使用正版软件。

（2）利用有效的正版杀毒软件检测要备份的磁盘，保证测试环境中没有病毒，并确保测试环境中所运行的系统软件、数据库、应用软件等已经安装调试好，并全部正确无误。

（3）为减少镜像文件的体积，要删除掉 Temp 文件夹下的所有文件以及其他临时文件、缓存文件等；选择采用压缩方式进行镜像文件的创建；在安装大型应用软件（如音视频、图形图像处理软件）时，尽量将其工作区文件夹、临时文件夹设置在非系统盘，这样系统盘就不致于过分膨胀，可使要备份的数据量大大减小。

（4）最后，再进行一次彻底的磁盘碎片整理，将系统盘调整到最优状态。

完成了这些准备工作，我们就可以用备份工具逐个创建各种组合类型的软件测试环境的磁盘镜像文件了。对已经创建好的各种镜像文件，要将它们设成系统、隐含、只读属性，这样一方面可以防止意外删除、感染病毒；另一方面可以避免在对磁盘进行碎片整理时，频繁移动镜像文件的位置，从而可节约整理磁盘的时间。同时还要记录好每个镜像文件的适用范围、所备份的文件的信息等内容，最后，还要将每个镜像文件提交到专用的软件测试环境库中（一般存放在网络文件服务器上），软件测试环境库要存放在单独的硬盘分区上，不要和其他经常需要读写的文件放在一起，并尽量不要对软件测试环境库所在的硬盘分区进行磁盘整理，以免对镜像文件造成破坏。还有，软件测试环境库存放在网络文件服务器上的安全性并不太高，最好同时将它们制作成可自启动的光盘，由专人进行统一管理；一旦需要搭建测试环境，就可通过网络、自启动的光盘或硬盘等方式，由专人负责将镜像文件恢复到指定的目录中去，这项工作完成后，被还原的硬盘上的原有信息将完全丢失，所以请慎重使用，可先把硬盘上的原有的重要文件资料提前备份，以防不测。

4.4 测试环境的管理与维护

测试环境的维护不仅是管理员的职责，也是每个测试人员的职责。维护的概念不仅包括硬件设备的保养维修，更重要的是维护测试环境的正确性。何时需要更新操作系统，何时需要软件版本升级，何时需要调整网络结构，只有测试人员真正了解需求，环境正确与否直接影响测试结果。

测试环境搭建好以后不太可能永远不发生变化，至少被测软件的每次版本发布都会对测试环境产生或多或少的影响。而应对变化之道，不是禁止变化，而是"把变化掌握在手中"。应对变化可以实施如下措施：

1. 设置专门的测试环境管理员角色

每个测试项目或测试小组都应当配备一名专门的测试环境管理员，其职责包括：

（1）测试环境的搭建

包括操作系统、数据库、中间件、WEB 服务器等必须软件的安装、配置，并做好各项安装、配置手册的编写；记录组成测试环境的各台机器的硬件配置、IP 地址、端口配置、机器的具体用途，以及当前网络环境的情况；完成被测应用的部署，并做好发布文档的编写；测试环境各项变更的执行及记录。

（2）测试环境的备份及恢复

操作系统、数据库、中间件、WEB 服务器以及被测应用中所需的各用户名、密码以及权限的管理；当测试组内多名成员需要占用服务器且相互之间存在冲突时（例如在执行性能测试时，在同一时刻应当只有一个场景在运行），负责对服务器时间进行分配和管理。

2. 明确测试环境管理所需的各种文档

组成测试环境的各台计算机上各项软件的安装配置手册，记录各项软件的名称、版本、安装过程、相关参数的配置方法等，并记录好历次软件环境的变更情况；组成测试环境的各台机器的硬件环境文档，记录各台机器的硬件配置（CPU/内存/硬盘/网卡）、IP 地址、具体用途以及历次的变更情况；被测应用的发布手册，记录被测应用的发布/安装方法，包括数据库表的创建、数据的导入、应用层的安装等。

另外，还需要记录历次被测应用的发布情况，对版本差异进行描述；测试环境的备份和恢复方法手册，并记录每次备份的时间、备份人、备份原因（与上次备份相比发生的变化）以及所形成的备份文件的文件名和获取方式；用户权限管理文档，记录访问操作系统、数据库、中间件、WEB 服务器以及被测应用时所需的各种用户名、密码以及各用户的权限，并对每次变更进行记录。

3. 测试环境访问权限的管理

应当为每个访问测试环境的测试人员和开发人员设置单独的用户名，并根据不同的工作需要设置不同的访问权限，以避免误操作对测试环境产生不利的影响。下面的要求可以作为建立"测试环境访问权限管理规范"的基础。

访问操作系统、数据库、中间件、WEB 服务器以及被测应用等所需的各种用户名、密码、权限，由测试环境管理员统一管理。

（1）测试环境管理员拥有全部的权限；

（2）除对被测应用的访问权限外，一般不授予开发人员对测试环境其他部分的访问权限。如确有必要（例如查看系统日志），则只授予只读权限；

（3）除测试环境管理员外，其他测试组成员不授予删除权限；

（4）用户及权限的各项维护、变更，需要记录到相应的"用户权限管理文档"中。

4. 测试环境的变更管理

对测试环境的变更应当形成一个标准的流程，并保证每次变更都是可追溯的和可控的。下面的几项要点并不是一个完整的流程，但是可以帮助你实现这个目标。

（1）测试环境的变更申请由开发人员或测试人员提出书面申请，由测试环境管理员负责执行。测试环境管理员不应接受非正式的变更申请；

（2）对测试环境的任何变更均应记入相应的文档；

（3）与每次变更相关的变更申请文档、软件、脚本等均保留原始备份，作为配置项进行管理；

（4）对于被测应用的发布，开发人员应将整个系统打包为可直接发布的格式，由测试环境管理员负责实施。测试环境管理员不接受不完整的版本发布申请，对测试环境做出的变更，应该可以通过一个明确的方法返回到之前的状态。

5．测试环境的备份和恢复

对于测试人员来说，测试环境必须是可恢复的，否则将导致原有的测试用例无法执行，或者发现的缺陷无法重现，最终使测试人员已经完成的工作失去价值。因此，应当在测试环境（特别是软件环境）发生重大变动（例如安装操作系统、中间件或数据库，为操作系统、中间件或数据库打补丁等对系统产生重大影响并难以通过卸载恢复）时进行完整的备份，例如使用Ghost对硬盘或某个分区进行镜像备份，并由测试环境管理员在相应的"备份记录"文档中记录每次备份的时间、备份人以及备份原因（与上次备份相比发生的变化），以便于在需要时将系统重新恢复到安全可用的状态。

另外，每次发布新的被测应用版本时，应当做好当前版本的数据库备份。而在执行测试用例或性能测试场景之前，也应当做好数据备份或准备数据恢复方案，例如通过运行SQL脚本来将数据恢复到测试执行之前的状态，以便于重复使用原有的数据，减少因数据准备和维护而占用的工作量，并保证测试用例的有效性和缺陷记录的可重现。

4.5　测试环境搭建举例

4.5.1　JSP 站点测试环境的搭建

搭建 JSP 站点测试环境就是按照站点内容部署测试环境，具体包括：对 Web 服务器、数据库服务器、实际运行的 PC 机设备等设备上的硬件、软件设备进行配置。

1．硬件环境

硬件的最低要求如下：

（1）交换机：Cisco 2950

（2）WEB 服务器：

处理器（CPU）：Pentium4 2GHz 或更高；

内存（RAM）：至少 512MB，建议 1GB 或更多；

硬盘：硬盘空间需要约 20GB 的程序空间，以及预留 60G 的数据空间；

显示器：需要设置成 1024×768 模式；

网卡：100Mbps。

（3）工作站

处理器（CPU）：Pentium4 1.4GHz 或更高；

内存（RAM）：512 MB；

硬盘：40G；

显示器：需要设置成 1024×768 模式；

网卡：100Mbps。

2．网络环境的建立

网站测试要求在 100M 局域网环境之中。拓扑图如图 4-1 所示。

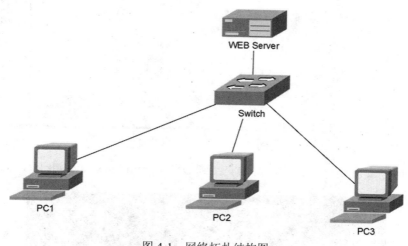

图 4-1   网络拓扑结构图

3．软件环境的建立

Sun 推出的 JSP（Java Server Pages）是一种执行于服务器端的动态网页开发技术，它基于
Java 技术。执行 JSP 时，需要在 WEB 服务器上架设一个编译 JSP 网页的引擎。配置 JSP 测
试环境可以有多种途径,但主要工作就是安装和配置WEB 服务器及 JSP 引擎。下面就以 Tomcat
作为 JSP 引擎，来搭建 JSP 测试环境。

（1）相关软件

- JDK：Java7 的软件开发工具是 Java 应用程序的基础。JSP 是基于 Java 技术的，所以
  配置 JSP 环境之前必须要安装 JDK。版本：JDK7（JDK 1.7）。
- Tomcat 服务器:Apache 组织开发的一种 JSP 引擎,本身具有 Web 服务器的管理功能。
  版本 Tomcat8。
- MySQL：一种免费的后台数据库管理系统,支持多种系统平台。版本：MySQL 5.6.24。
- JDBC 驱动：一个压缩包，并不需要安装，只要将其解压缩既可。文件名称及版本:
  mysql-connector-java-5.0.8、mysql-connector-java-5.0.8-bin.jar。
- Navicat for MySQL：MySQL 界面插件。

（2）安装配置 JDK

1）安装 JDK

在 Windows 下，直接运行下载的 jdk-7u79-windows-i586.exe 文件，如图 4-2 所示。

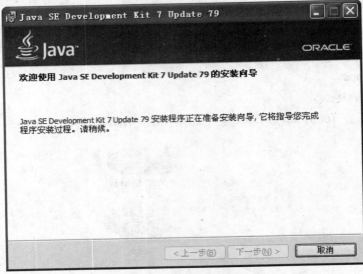

图 4-2　Java 安装欢迎界面

根据安装向导安装到一个目录，例如安装到 D:\Program Files\Java\jdk1.7，如图 4-3 所示。

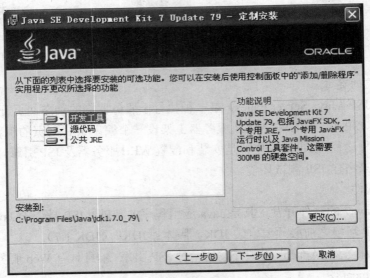

图 4-3　JDK 安装的路径选择

2）添加环境变量

右击"我的电脑"图标，在弹出的菜单中选择"属性"→"系统特性"→"高级"→"环境变量"选项，弹出"环境变量"对话框，就可以编辑系统的环境变量了。添加 PATH、JAVA_HOME 和 CLASSPATH 三个变量，如图 4-4 所示。

（3）安装 Tomcat

1）直接运行下载的 apache-tomcat8.0.22.exe，按照一般的 Windows 程序安装步骤即可安装好 Tomcat，安装时它会自动寻找 JDK 的位置。例如安装到 C:\Program Files\Apache Software Foundation\Tomcat 8.0。如图 4-5 所示。

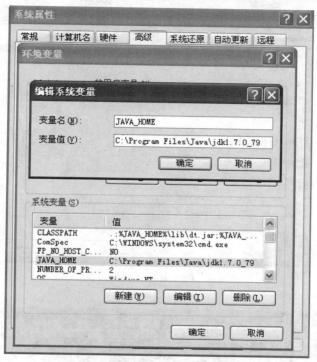

图 4-4　JDK 安装环境变量的配置

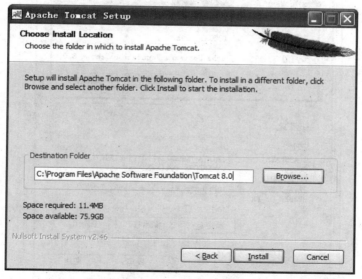

图 4-5　Tomcat 的安装路径

2）设置 Tomcat 服务器的端口，默认是 8080，而标准的 WEB 服务器的端口是 80，在这可以把默认的更改为 80，也可以安装完后在配置文件中修改。如图 4-6 所示。

3）配置 Tomcat 的环境变量

添加一个新的环境变量 TOMCAT_HOME，变量值为 C:\Program Files\Apache Software Foundation\Tomcat 8.0，添加方法同 JDK 环境变量的配置方法。如图 4-7 所示。

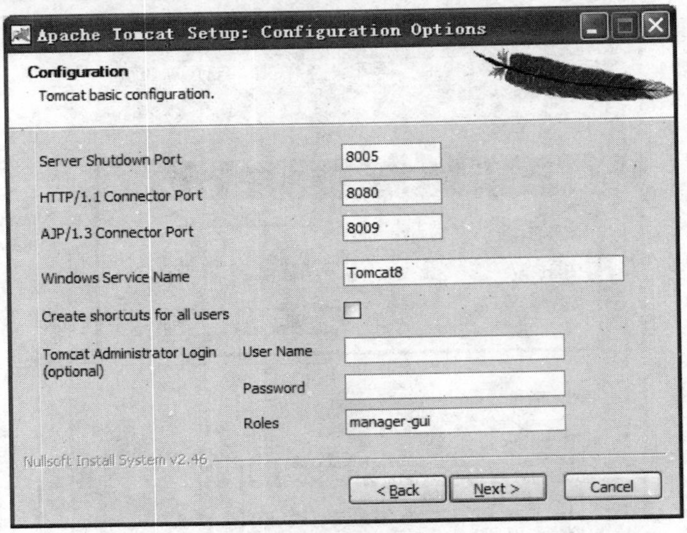

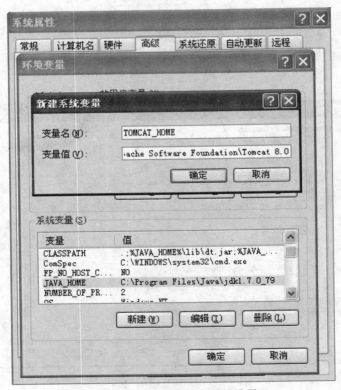

图 4-6 Tomcat 服务器端口设置

图 4-7 Tomcat 环境变量的设置

4）测试默认服务

　　设置完毕后就可以运行 Tomcat 服务器了。启动 Tomcat 后，打开浏览器，在地址栏中输入 http://localhost:8080（Tomcat 默认端口为 8080），如果在浏览器中看到 Tomcat 的欢迎界面，表示 Tomcat 工作正常，如图 4-8 所示。

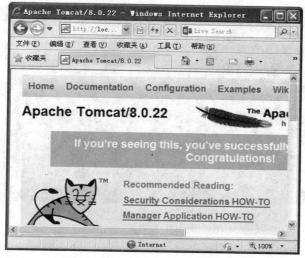

图 4-8　Tomcat 安装成功的测试页

（4）安装配置 MySQL 服务器

安装 MySQL 服务器比较简单，按照软件安装提示即可，如图 4-9 所示。

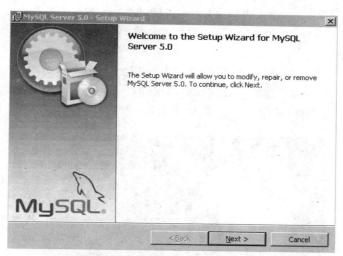

图 4-9　MySQL 数据库安装欢迎界面

MySQL 安装好后，最重要的一个步骤就是要看数据库有没有作为系统服务启动，所以在进行数据库操作前，应先检查在操作系统的"开始"→"运行"→"输入"→services.msc，确定在安装时设置的关于 MySQL 的那个服务已经启动，这样在操作数据库时不会出现连接不上的错误。起初是在 dos 下用命令行进行操作的，如图 4-10 所示。

现在可以在 MySQL 里建一个数据库 shujuku，以及在数据库里建一个表 biao。具体的命令如下：

1）在 MySQL 的安装目录下的 bin 目录中启动可执行文件，进入 dos 状态。

2）连接 MySQL 输入：Mysql h localhost u root p，然后输入在安装时已设好的密码，就进入了 MySQL 的命令编辑界面。

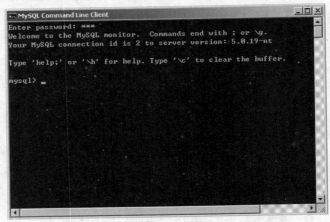

图 4-10　MySQL 数据库 dos 运行环境

3）使用 MySQL 的基本命令：

● 　显示数据库：show databases；
● 　使用数据库：use 数据库名；
● 　建立数据库命令：create database shujuku；
● 　设置数据库权限：grant all privileges on shujuku；
● 　建表命令：create table biao(id int(8) primary key,name varchar(10))；
● 　退出：exit。

完全使用命令操作数据库会很不方便，上面提到了一个较方便的 MySQL 界面插件 Mysql-front。它完全可以胜任建库、设定权限等操作，下面简单介绍其使用方法。首先，安装时根据向导要求进行，很容易完成，如图 4-11 所示。

图 4-11　Navicat for MySQL 安装界面

安装后第一次运行时会提示添加数据库，例如添加上面已经设定好的 shujuku。进入 Mysql-fron 后，就会出现可操作界面，也可以把 root 用户加进去，需要在 Mysql-front 的界面上选择"设置"→"对话"→"新建"选项。除了 root，还可以加入更多的用户，方法一样，设置不同的用户这更加方便对不同数据库进行管理。

（5）配置 JDBC 驱动

在配置前先要把 mysql-connector-java-5.0.8-bin.jar 拷贝到 C:\Program Files\Java\mysqlforjdbc 下，然后根据路径配置 classpath，配置如下：

C:\Program Files\Java\jdk1.7.0_79\lib\tools.jar；

C:\Program Files\Java\jdk1.7.0_79\lib\mysql-connector-java-5.0.8-bin-g.jar；

C:\Program Files\Java\mysqlforjdbc\mysql-connector-java-5.0.8-bin.jar。

配置目的是让 Java 应用程序找到连接 MySQL 的驱动。配置完环境变量后，还有很重要的一步就是为 JSP 连接数据库配置驱动，把 mysql-connector-java-5.0.8-bin.jar 拷贝到 C:\Program Files\Apache Software Foundation\Tomcat 8.0\lib 文件夹下即可。

（6）JSP 连接 MySQL

现在可以用 JSP 连接数据库，以便测试带有后台数据库的动态网站系统，以下是实现该连接的代码：

```jsp
<%@ page contentType="text/html; charset=gb2312" %>
<%@ page language="java" %>
<%@ page import="com.mysql.jdbc.Driver" %>
<%@ page import="java.sql.*" %>
<%
    //驱动程序名
    String driverName="com.mysql.jdbc.Driver";
    //数据库用户名
    String userName="cl41";
    //密码
    String userPasswd="123456";
    //数据库名
    String dbName="db";
    //表名
    String tableName="dbtest";
    //联结字符串
    String url="jdbc:mysql://localhost/"+dbName+"?user="+userName+"&password="+userPasswd;
    Class.forName("com.mysql.jdbc.Driver").newInstance();
    Connection connection=DriverManager.getConnection(url);
    Statement statement = connection.createStatement();
    String sql="SELECT * FROM "+tableName;
    ResultSet rs = statement.executeQuery(sql);
    //获得数据结果集合
    ResultSetMetaData rmeta = rs.getMetaData();
    //确定数据集的列数，即字段数
    int numColumns=rmeta.getColumnCount();
    //输出每一个数据值
    out.print("id");
    out.print("|");
    out.print("num");
    out.print("<br>");
    while(rs.next()) {
```

```
            out.print(rs.getString(1)+" ");
            out.print("|");
            out.print(rs.getString(2));
            out.print("<br>");
        }
        out.print("<br>");
        out.print("数据库操作成功，恭喜你");
        rs.close();
        statement.close();
        connection.close();
%>
```

然后把该文件部署到 Tomcat 主目录，在浏览器中就可以看到结果了。

4. 对整个测试环境杀毒

配置完 JSP 测试环境后，一定要对整个服务器进行查毒、杀毒。确保测试结果不受病毒的影响和破坏。

5. 测试环境说明及备案

在测试之前，应该把整个测试环境以文字的形式作以详细的说明，以备测试人员查看。

6. 测试项目

把需要测试的 JSP 网站文件放在 F:\Tomcat\webapps\examples\jsp 目录下，然后就可以在局域网的环境下测试 Web 站点了。

7. 测试环境维护

（1）要保证你的 MySQL 服务是启动状态；

（2）在 MySQL 的管理器中能够使用 admin 或其他用户正常登录；

（3）第一次配置好环境变量后重启一下计算机；

（4）注意 JVM 和 DataBase 的启动顺序，先启动 DataBase，再启动 JVM 机；

注：从停止 WEB 服务器后到重启动，中间最好能有 10 秒以上的间隔；

（5）注意操作系统的网络连通性：启动了 Tcp/IP 服务；配置了相关 IP 地址。

4.5.2 用 VMware 模拟搭建单机多系统测试环境

使用虚拟软件在同一台物理计算机上安装多个相同或不同的操作系统，能够有效且经济地构造软件测试环境。随着网络的扩张，需要更多的物理计算机来扩充测试环境。采用虚拟软件能够模拟办公网络，并能避免因采用新操作系统、应用、补丁或对软件和网络基础构架较大配置改动而引发代价高昂的错误。

在 VMware 软件未出现之前，如果我们想要在本地计算机安装两个系统的话，就必须踏踏实实、按部就班地来，不仅安装过程十分麻烦，而且以后的维护也不方便，在两个系统中切换的使用时间也长，更重要的是不能够同时使用。VMware 把一切改变了，我们可以自由地在本地 Windows 环境下安装任意多个系统，没有任何限制，装一个 Linux 就好像装一套 Office 一样容易，而且当你想卸载这个 Linux 的时候，只要简单地删除一个文件夹就好了，不再像以前还要涉及各种硬盘的分区表，甚至把整个系统搞瘫痪。

其实最重要的是，有时候我们往往需要两套系统来同时做测试和演示。比如看看网卡上的数据包是如何构造、新的攻击程序效果如何等，很多程序并不是在 Windows 下运行的。例如，有时候需要一个 Linux 来编译它，利用 VMware 在一台计算机中的一个系统内安装多中操作系统，就能很好地帮我们来解决这个问题了。

　　还有软件测试学习者可能没有多台计算机的网络环境，很多涉及到网络通信的软件测试项目都无法演练，如果通过 VMware 在同一个计算机上安装多个操作系统，并且能够模拟网络通信，就会解决上述问题，而且效果良好，十分方便。

　　下面介绍利用 VMware 在单机环境下搭建多系统的测试环境。

　　VMware 的安装过程非常很简单，如图 4-12 所示是 VMware 安装的欢迎界面。安装时，按照提示进行即可，完成安装后需要重新启动系统，第一次启动 VMware 后需要输入程序的注册码。如图 4-13 所示是完成注册后 VMware 的程序界面。在文件菜单里选择"新建虚拟机"选项创建一个新的虚拟计算机。

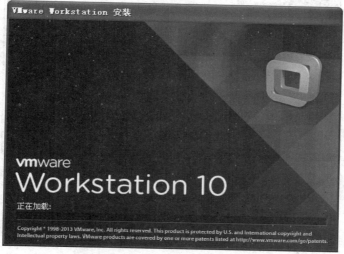

图 4-12　VMware 安装的欢迎界面

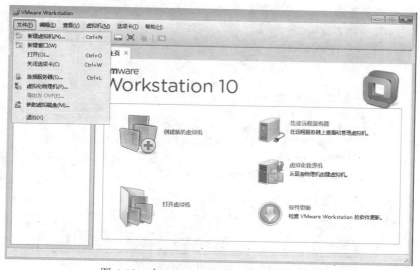

图 4-13　在 VMware 上建立新虚拟计算机

接下来，"新建虚拟机向导"将引领我们逐步完成新虚拟机的创建和配置。选择默认的典型配置，如图 4-14 所示。

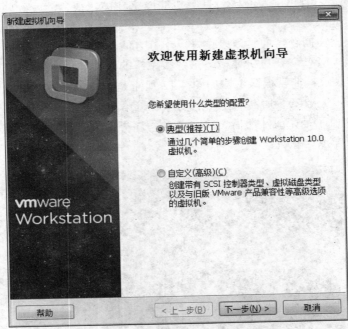

图 4-14　虚拟机安装配置类型选择

然后选择待安装系统的光盘镜像文件，如图 4-15 所示。

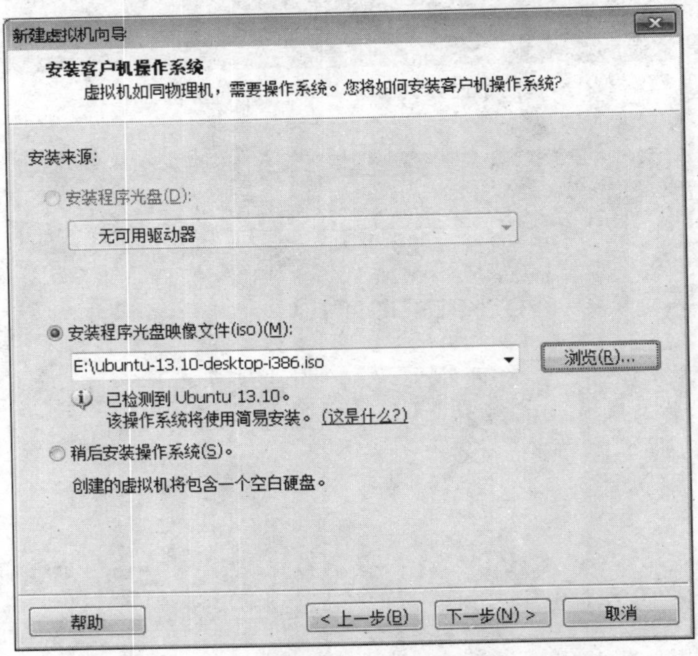

图 4-15　虚拟机安装源选择

　　使用 VMware 提供的简易无人值守安装方式，需要预先设置系统全名、用户名及密码，如图 4-16 所示。此用户名和密码将用于虚拟机的系统登录，须牢记。

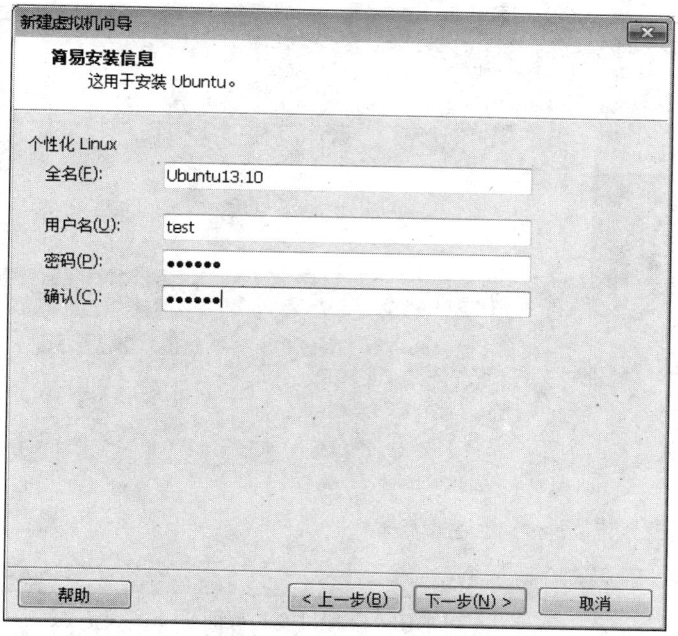

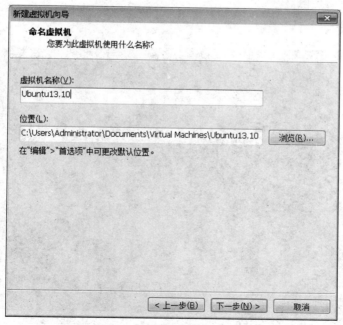

图 4-16　虚拟机简易安装设置

　　接下来需要设置虚拟机名称及存放位置，选择磁盘剩余空间较大的磁盘存储，如图 4-17 所示。

图 4-17　虚拟机安装位置设置

　　再通过一些简单的配置，就完成了新建虚拟机的配置向导。程序将进入虚拟机的安装界面，如图 4-18 所示。

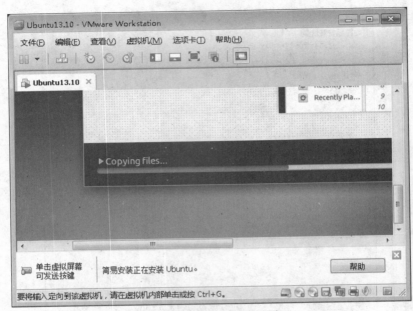

图 4-18　虚拟机安装界面

　　新建的虚拟机安装成功后的启动界面如图 4-19 所示。通过使用虚拟化软件构建安装的操作系统，可以和宿主系统完全兼容共存。

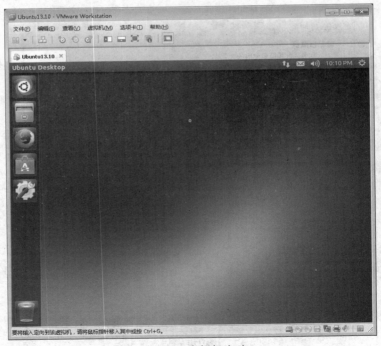

图 4-19　虚拟机启动

　　新版本的 VMware 软件与早期版本的软件相比，在很多方面进行了更加人性化、更加简便的改进。虚拟机系统安装完成后，采用默认的 NAT（网络地址转换）网络环境模式，网络已经可以正常使用了。不再需要对宿主系统的网络环境进行复杂的配置。

　　现在就可以在单机上实现真实的网络环境，为条件不方便的用户提供了真实的网络测试环境。在这种环境下，依然可以用你的网络分析软件来抓主系统和 VMware 与系统之间的网络传递数据包，就好像在一个真实的网络环境里一样。

小　　结

　　本章主要讲述了测试环境在测试中的重要性及建立测试环境的方法与步骤。软件测试环境包括设计环境、实施环境和管理环境三部分，是指为了完成软件测试工作所必需的计算机硬件、软件、网络设备、历史数据的总称。测试环境是测试实施的一个重要阶段，测试环境适合与否会严重影响测试结果的真实性和正确性。测试环境包括硬件环境和软件环境，硬件环境指测试必需的服务器、客户端、网络连接设备，以及打印机/扫描仪等辅助硬件设备所构成的环境；软件环境指被测软件运行时的操作系统、数据库及其他应用软件构成的环境。

习　　题

　　1．名词解释：

　　测试环境、备份、恢复、硬件环境、网络环境、软件环境。

　　2．测试环境有哪些要素？

　　3．简述搭建测试环境实验室的步骤。

　　4．怎样管理测试实验室？

第 5 章 黑盒测试实例设计

本章概述

黑盒测试是软件测试技术中最基本的方法之一，在各类测试中都有广泛的应用。本章将介绍黑盒测试的基本概念与基本方法，并重点介绍应用较为广泛的几种测试方法：等价类划分法、边界值分析法、决策表法和因果图法，并通过典型实例详细介绍实际测试技术的基本运用。

5.1 等价类划分法

1. 等价类划分法概述

等价类划分法是黑盒测试用例设计中一种常用的设计方法，它将不能穷举的测试过程进行合理分类，从而保证设计出来的测试用例具有完整性和代表性。

等价类划分法是把所有可能的输入数据（即程序的输入域）划分成若干部分（子集），然后从每一个子集中选取少数具有代表性的数据作为测试用例。所谓等价类是指输入域的某个子集合，所有等价类的并集就是整个输入域。在等价类中，各个输入数据对于揭露程序中的错误都是等效的，它们具有等价特性。因此，测试某个等价类的代表值就等价于对这一类中其他值的测试。也就是说，如果某一类中的一个例子发现了错误，这一等价类中的其他例子也能发现同样的错误；反之，如果某一类中的一个例子没有发现错误，则这一类中的其他例子也不会查出错误。

软件不能只接收合理有效的数据，也要具有处理异常数据的功能，这样的测试才能确保软件具有更高的可靠性。因此，在划分等价类的过程中，不但要考虑有效等价类划分，同时也要考虑无效等价类划分。

有效等价类是指对软件规格说明来说，合理、有意义的输入数据所构成的集合。利用有效等价类可以检验程序是否满足规格说明所规定的功能和性能。

无效等价类则和有效等价类相反，即不满足程序输入要求或者无效的输入数据所构成的集合。利用无效等价类可以检验程序异常情况的处理。

使用等价类划分法设计测试用例，首先必须在分析需求规格说明的基础上划分等价类，然后列出等价类表。

以下是划分等价类的几个原则：

（1）如果规定了输入条件的取值范围或者个数，则可以确定一个有效等价类和两个无效等价类。例如，程序要求输入的数值是从 10 到 20 之间的整数，则有效等价类为"大于或等于 10 而小于或等于 20 的整数"，两个无效等价类为"小于 10 的整数"和"大于 20 的整数"。

（2）如果规定了输入值的集合，则可以确定一个有效等价类和一个无效等价类。例如，程序要进行平方根函数的运算，则"大于或等于 0 的数"为有效等价类，"小于 0 的数"为无效等价类。

（3）如果规定了输入数据的一组值，并且程序要对每一个输入值分别进行处理，则可为每一个值确定一个有效等价类，此外根据这组值确定一个无效等价类，即所有不允许的输入值的集合。例如，程序规定某个输入条件 x 的取值只能为集合{1,3,5,7}中的某一个，则有效等价类为 x=1，x=3，x=5，x=7，程序对这 4 个数值分别进行处理，无效等价类为 x≠1,3,5,7 的值的集合。

（4）如果规定了输入数据必须遵守的规则，则可以确定一个有效等价类和若干个无效等价类。例如，程序中某个输入条件规定必须为 4 位数字，则可划分一个有效等价类为输入数据为 4 位数字，3 个无效等价类分别为输入数据中含有非数字字符、输入数据少于 4 位数字、输入数据多于 4 位数字。

（5）如果已知的等价类中各个元素在程序中的处理方式不同，则应将该等价类进一步划分成更小的等价类。

在确立了等价类之后，建立等价类表，列出所有划分出的等价类，如表 5-1 所示。

表 5-1　等价类表

输入条件	有效等价类	无效等价类
…	…	…
…	…	…

再根据已列出的等价类表，按以下步骤确定测试用例：

（1）为每一个等价类规定一个唯一的编号；

（2）设计一个新的测试用例，使其尽可能多地覆盖尚未被覆盖的有效等价类，重复这个过程，直至所有的有效等价类均被测试用例所覆盖；

（3）设计一个新的测试用例，使其仅覆盖一个无效等价类，重复这个过程，直至所有的无效等价类均被测试用例所覆盖。

以三角形问题为例，输入条件是：

● 三个数，分别作为三角形的三条边；

● 都是整数；

● 取值范围在 1～100 之间。

认真分析上述输入条件，可以得出相关的等价类表（包括有效等价类和无效等价类），如表 5-2 所示。

表 5-2　三角形问题的等价类

输入条件	等价类编号	有效等价类	等价类编号	无效等价类
三个数	1	三个数	4	只有一条边
			5	只有两条边
			6	多于三条边
整数	2	整数	7	一边为非整数
			8	两边为非整数
			9	三边为非整数

输入条件	等价类编号	有效等价类	等价类编号	无效等价类
			10	一边为0
			11	两边为0
			12	三边为0
取值范围在1～100	3	1≤a≤100 1≤b≤100 1≤c≤100	13	一边小于0
			14	两边小于0
			15	三边小于0
			16	一边大于100
			17	两边大于100
			18	三边大于100

2. 常见等价类划分形式

针对是否对无效数据进行测试，可以将等价类测试分为标准等价类测试、健壮等价类测试以及对等区间的划分。

（1）标准等价类测试

标准等价类测试不考虑无效数据值，测试用例使用每个等价类中的一个值。通常，标准等价类测试用例的数量和最大等价类中元素的数目相等。

以三角形问题为例，要求输入三个整数a、b、c，分别作为三角形的三条边，取值范围在1～100之间，判断由三条边构成的三角形类型为等边三角形、等腰三角形、一般三角形（包括直角三角形）以及非三角形。在多数情况下是从输入域划分等价类，但对于三角形问题，从输出域来定义等价类是最简单的划分方法。

因此，利用这些信息可以确定下列值域等价类：

R1={<a,b,c>：边为a,b,c的等边三角形}

R2={<a,b,c>：边为a,b,c的等腰三角形}

R3={<a,b,c>：边为a,b,c的一般三角形}

R4={<a,b,c>：边为a,b,c不构成三角形}

4个标准等价类测试用例如表5-3所示。

表5-3 三角形问题的标准等价类测试用例

测试用例	a	b	c	预期输出
Test Case 1	10	10	10	等边三角形
Test Case 2	10	10	5	等腰三角形
Test Case 3	3	4	5	一般三角形
Test Case 4	1	1	5	不构成三角形

（2）健壮等价类测试

健壮等价类测试主要的出发点是考虑了无效等价类。

对有效输入，测试用例从每个有效等价类中取一个值；对无效输入，一个测试用例有一个无效值，其他值均取有效值。

健壮等价类测试存在两个问题：

- 需要花费精力定义无效测试用例的期望输出；
- 对强类型的语言没有必要考虑无效的输入 。

对于上述三角形问题，取 a、b、c 的无效值产生了 7 个健壮等价类测试用例，如表 5-4 所示。

表 5-4　三角形问题的健壮等价类测试用例

测试用例	a	b	c	预期输出
Test Case 1	3	4	5	一般三角形
Test Case 2	-3	4	5	a 值不在允许的范围内
Test Case 3	3	-4	5	b 值不在允许的范围内
Test Case 4	3	4	-5	c 值不在允许的范围内
Test Case 5	101	4	5	a 值不在允许的范围内
Test Case 6	3	101	5	b 值不在允许的范围内
Test Case 7	3	4	101	c 值不在允许的范围内

（3）对等区间划分

对等区间划分是测试用例设计的非常规形式化的方法。它将被测对象的输入/输出划分成一些区间，被测软件对一个特定区间的任何值都是等价的。形成测试区间的数据不只是函数/过程的参数，也可以是程序可以访问的全局变量、系统资源等，这些变量或资源可以是以时间形式存在的数据，或以状态形式存在的输入/输出序列。

对等区间划分假定位于单个区间的所有值对测试都是对等的，应为每个区间的一个值设计一个测试用例。

举例说明如下：

平方根函数要求当输入值为 0 或大于 0 时，返回输入数的平方根；当输入值小于 0 时，显示错误信息"平方根错误，输入值小于 0"，并返回 0。

考虑平方根函数的测试用例区间，可以划分出两个输入区间和两个输出区间，如表 5-5 所示。

表 5-5　区间划分

输入区间		输出区间	
i	<0	A	≥ 0
ii	≥ 0	B	Error

通过分析，可以用两个测试用例来测试 4 个区间：

- 测试用例 1：输入 4，返回 2　　　　//区间 ii 和 A
- 测试用例 2：输入-4，返回 0，输出"平方根错误，输入值小于 0"　　　//区间 i 和 B

上例的对等区间划分是非常简单的。软件越复杂，对等区间的确定就越难，区间之间的相互依赖性就越强，使用对等区间划分设计测试用例技术的难度就会增加。

5.2 边界值分析法

1. 边界值分析法概述

边界值分析法（Boundary Value Analysis，BVA）是一种补充等价类划分法的测试用例设计技术，它不是选择等价类的任意元素，而是选择等价类边界的测试用例。在测试过程中，可能会忽略边界值的条件，而软件设计中大量的错误发生在输入或输出范围的边界上，而不是输入/输出范围的内部。因此针对各种边界情况设计测试用例，可以查出更多的错误。

在实际的软件设计过程中，会涉及到大量的边界值条件和过程，这里有一个简单的 VB 程序的例子：

```
Dim data(10) as Integer
Dim i as Integer
For i=1 to 10
    data(i)=1
Next i
```

在这个程序中，目标是创建一个拥有 10 个元素的一维数组，看似合理，但是在大多数 Basic 语言中，当一个数组被定义时，其第一个元素所对应的数组下标是 0 而不是 1。由此，上述程序运行结束后，数组中成员的赋值情况如下：

data(0)=0,data(1)=1,data(2)=1,...,data(10)=1

这时，如果其他程序员使用这个数组，可能会造成软件的缺陷或者错误的产生。

使用边界值分析方法设计测试用例，首先应确定边界情况。通常输入和输出等价类的边界，就是应着重测试的边界情况。应当选取正好等于、刚刚大于或刚刚小于边界的值作为测试数据，而不是选取等价类中的典型值或任意值。在应用边界值分析法设计测试用例时，应遵循以下几条原则：

（1）如果输入条件规定了值的范围，则应该选取刚达到这个范围的边界值，以及刚刚超过这个范围边界的值作为测试输入数据。

（2）如果输入条件规定了值的个数，则用最大个数、最小个数、比最小个数少 1、比最大个数多 1 的数作为测试数据。

（3）根据规格说明的每一个输出条件，分别使用以上两个原则。

（4）如果程序的规格说明给出的输入域或者输出域是有序集合（如有序表、顺序文件等），则应选取集合的第一个元素和最后一个元素作为测试用例。

（5）如果程序中使用了一个内部数据结构，则应当选择这个内部数据结构的边界值作为测试用例。

（6）分析规格说明，找出其他可能的边界条件。

举例说明如下：

考虑学生考试成绩的输入（不计小数点），其输入数据是一个有限范围的整数，可以确定输入数据的最小值（min）和最大值（max），则有效的数据范围是 min≤N≤max，即 0≤N≤100。于是，可以选取输入变量的最小值（min）、略大于最小值（min+1）、略小于最大值（max-1）和最大值（max）来设计测试用例。因此，学生分数的边界值分析法的有效测试数据是 0,1,99,100。有时，为了检查输入数据超过极限值时系统的情况，还需要考虑采用一个略超过最大值（max+1）以及略小于最小值（min-1）的取值，即健壮性测试。所以，上述学生分数输入的无效测试数据为-1，101。

2. 边界条件与次边界条件

边界值分析法是对输入的边界值进行测试。在测试用例设计中，需要对输入的条件进行分析并且找出其中的边界值条件，通过对这些边界值的测试来查出更多的错误。

提出边界条件时，一定要测试临近边界的有效数据，测试最后一个可能有效的数据，同时测试刚超过边界的无效数据。通常情况下，软件测试所包含的边界检验有几种类型：数值、字符、位置、数量、速度、尺寸等。在设计测试用例时要考虑边界检验的类型特征：第一个/最后一个、开始/完成、空/满、最大值/最小值、最快/最慢、最高/最低、最长/最短等。这些不是确定的列表，而是一些可能出现的边界条件。

举个例子来说明，如表 5-6 所示。

表 5-6　利用边界值作为测试数据的例子

类别	边界值	测试用例的设计思路
字符	起始-1 个字符/结束+1 个字符	假设一个文本输入区域要求允许输入 1 到 255 个字符,输入 1 个和 255 个字符作为有效等价类；输入 0 个和 256 个字符作为无效等价类,这几个数值都属于边界条件值
数值	开始位-1/结束位+1	假设软件要求输入的数据为 5 位数值，则可以使用 00000 作为最小值和 99999 作为最大值，然后使用刚好小于 5 位和大于 5 位的数值来作为边界条件
方向	刚刚超过/刚刚低于	
空间	小于空余空间一点/大于满空间一点	假如要做磁盘的数据存储，使用比最小剩余磁盘空间大一点（几 KB）的文件作为最大值的检验边界条件

在多数情况下，边界值条件是基于应用程序的功能设计而需要考虑的因素，可以从软件的规格说明或常识中得到，也是最终用户通常最容易发现问题的。然而，在测试用例设计过程中，某些边界值条件是不需要呈现给用户的，或者说用户很难注意到这些问题，但这些边界条件确实属于检验范畴内的边界条件，称为内部边界值条件或次边界值条件。主要有下面几种：

（1）数值的边界值检验

计算机是基于二进制进行工作的，因此，任何数值运算都有一定的范围限制，如表 5-7 所示。

表 5-7　计算机数值运算的范围

项	范围或值
位（bit）	0 或 1
字节（byte）	0～255
字（word）	0～65、535（单字）或 0～4、294、967、295（双字）
千（K）	1 024
兆（M）	1 048 576
吉（G）	1 073 741 824
太（T）	1 099 511 627 776

例如对字节进行检验，边界值条件可以设置成 254、255 和 256。

（2）字符的边界值检验

在字符的编码方式中，ASCII 和 Unicode 是比较常见的编码方式，表 5-8 中列出了一些简单的 ASCII 码对应表。

表 5-8　字符的 ASCII 码对应表

字符	ASCII 码值	字符	ASCII 码值
空（null）	0	A	65
空格（space）	32	a	97
斜杠（/）	47	左中括号（[）	91
0	48	Z	122
冒号（:）	58	Z	90
@	64	单引号（'）	96

在做文本输入或者文本转换的测试过程中，需要非常清晰地了解 ASCII 码的一些基本对应关系，例如小写字母 z 和大写字母 Z 在表中的对应是不同的，这些也必须被考虑到数据区域划分的过程中，从而定义等价有效类，来设计测试用例。

（3）其他边界值检验

包括默认值/空值/空格/未输入值/零、无效数据/不正确数据和干扰数据等。

在实际的测试用例设计中，需要将基本的软件设计要求和程序定义的要求结合起来，即结合基本边界值条件和子边界值条件来设计有效的测试用例。

3．边界值分析法测试用例

以三角形问题为例，要求输入三个整数 a、b、c，分别作为三角形的三条边，取值范围在 1～100 之间，判断由三条边构成的三角形类型为等边三角形、等腰三角形、一般三角形（包括直角三角形）以及非三角形。如表 5-9 所示给出了边界值分析测试用例。

表 5-9　边界值分析测试用例

测试用例	a	b	c	预期输出
Test Case 1	1	50	50	等腰三角形
Test Case 2	2	50	50	等腰三角形
Test Case 3	50	50	50	等边三角形
Test Case 4	99	50	50	等腰三角形
Test Case 5	100	50	50	非三角形
Test Case 6	50	1	50	等腰三角形
Test Case 7	50	2	50	等腰三角形
Test Case 8	50	99	50	等腰三角形
Test Case 9	50	100	50	非三角形
Test Case 10	50	50	1	等腰三角形

续表

测试用例	a	b	c	预期输出
Test Case 11	50	50	2	等腰三角形
Test Case 12	50	50	99	等腰三角形
Test Case 13	50	50	100	非三角形

5.3　决策表法

1. 决策表法概述

在所有的黑盒测试方法中，基于决策表（也称判定表）的测试是最为严格、最具有逻辑性的测试方法。决策表是分析和表达多个逻辑条件下执行不同操作情况的工具。由于决策表可以把复杂的逻辑关系和多种条件组合的情况表达得既具体又明确，在程序设计发展的初期，决策表就已被当作编写程序的辅助工具了。

决策表通常由四个部分组成，如图 5-1 所示。

图 5-1　决策表的组成

（1）条件桩：列出了问题的所有条件，通常认为列出的条件的先后次序无关紧要。

（2）动作桩：列出了问题规定的可能采取的操作，这些操作的排列顺序没有约束。

（3）条件项：针对条件桩给出的条件，列出所有可能的取值。

（4）动作项：与条件项紧密相关，列出在条件项的各组取值情况下应该采取的动作。

任何一个条件组合的特定取值及其相应要执行的操作称为一条规则，在决策表中贯穿条件项和动作项的一列就是一条规则。显然，决策表中列出多少组条件取值，也就有多少条规则，即条件项和动作项有多少列。

根据软件规格说明，建立决策表的步骤如下：

（1）确定规则的个数。假如有 n 个条件，每个条件有两个取值，故有 2^n 种规则。

（2）列出所有的条件桩和动作桩。

（3）填入条件项。

（4）填入动作项，得到初始决策表。

（5）化简。合并相似规则（相同动作）。

以下列问题为例，给出构造决策表的具体过程。

如果某产品销售好并且库存低，则增加该产品的生产；如果该产品销售好，但库存量不低，则继续生产；若该产品销售不好，但库存量低，则继续生产；若该产品销售不好，且库存量不低，则停止生产。

解法如下：

（1）确定规则的个数。对于本题有 2 个条件（销售、库存），每个条件可以有两个取值，故有 2^2=4 种规则。

（2）列出所有的条件桩和动作桩。

（3）填入条件项。

（4）填入动作项，得到初始决策表，如表 5-10 所示。

表 5-10　产品销售问题的决策表

规则 选项	1	2	3	4
条件：				
C1：销售好？	T	T	F	F
C2：库存低？	T	F	T	F
动作：				
a1：增加生产	√			
a2：继续生产		√	√	
a3：停止生产				√

每种测试方法都有适用的范围，决策表法适用于下列情况：

（1）规格说明以决策表形式给出，或很容易转换成决策表。

（2）条件的排列顺序不会也不应影响执行哪些操作。

（3）规则的排列顺序不会也不应影响执行哪些操作。

（4）每当某一规则的条件已经满足，并确定要执行的操作后，不必检验其他规则。

（5）如果某一规则得到满足要执行多个操作，这些操作的执行顺序无关紧要。

2.　决策表法的应用

决策表最突出的优点是，能够将复杂的问题按照各种可能的情况全部列举出来，简明并避免遗漏。因此，利用决策表能够设计出完整的测试用例集合。运用决策表设计测试用例，可以将条件理解为输入，将动作理解为输出。

以三角形问题为例，要求输入三个整数 a、b、c，分别作为三角形的三条边，取值范围在 1～100 之间，判断由三条边构成的三角形类型为等边三角形、等腰三角形、一般三角形（包括直角三角形）以及非三角形。

分析如下：

（1）确定规则的个数。例如，三角形问题的决策表有 4 个条件，每个条件可以取两个值（真值和假值），所以应该有 2^4=16 种规则。

（2）列出所有条件桩和动作桩。

（3）填写条件项。

（4）填写动作项，从而得到初始决策表。如表 5-11 所示。

（5）简化决策表。合并相似规则后得到三角形问题的简化决策表。如表 5-12 所示。

根据决策表 5-12，可设计测试用例，如表 5-13 所示。

表 5-11　三角形问题的初始决策表

选项 ＼ 规则	1	2	3	4	5	6	7	8
条件：								
C1：a,b,c 构成一个三角形？	F	F	F	F	F	F	F	F
C2：a=b？	T	T	T	T	F	F	F	F
C3：b=c？	T	T	F	F	T	T	F	F
C4：a=c？	T	F	T	F	T	F	T	F
动作：								
a1：非三角形	√	√	√	√	√	√	√	√
a2：一般三角形								
a3：等腰三角形								
a4：等边三角形								
a5：不可能								

选项 ＼ 规则	9	10	11	12	13	14	15	16
条件：								
C1：a,b,c 构成一个三角形？	T	T	T	T	T	T	T	T
C2：a=b？	T	T	T	T	F	F	F	F
C3：b=c？	T	T	F	F	T	T	F	F
C4：a=c？	T	F	T	F	T	F	T	F
动作：								
a1：非三角形								
a2：一般三角形								√
a3：等腰三角形				√		√	√	
a4：等边三角形	√							
a5：不可能		√	√		√			

表 5-12　三角形问题的简化决策表

选项 ＼ 规则	1～8	9	10	11	12	13	14	15	16
条件：									
C1：a,b,c 构成一个三角形？	F	T	T	T	T	T	T	T	T
C2：a=b？	—	T	T	T	T	F	F	F	F
C3：b=c？	—	T	T	F	F	T	T	F	F
C4：a=c？	—	T	F	T	T	T	F	T	F
动作：									
a1：非三角形	√								
a2：一般三角形									√
a3：等腰三角形					√		√	√	
a4：等边三角形		√							
a5：不可能			√	√		√			

表 5-13　三角形问题的决策表测试用例

测试用例	a	b	c	预期输出
Test Case 1	10	4	4	非三角形
Test Case 2	4	4	4	等边三角形
Test Case 3	?	?	?	不可能
Test Case 4	?	?	?	不可能
Test Case 5	4	4	5	等腰三角形
Test Case 6	?	?	?	不可能
Test Case 7	5	4	4	等腰三角形
Test Case 8	4	5	4	等腰三角形
Test Case 9	3	4	5	一般三角形

说明：表 5-13 中的 "？" 表示不存在符合条件的测试用例数据。

5.4　因果图法

1. 因果图法概述

前面介绍的等价类划分法和边界值分析法都着重考虑输入条件，而没有考虑到输入条件的各种组合情况，也没有考虑到各个输入条件之间的相互制约关系。因此，必须考虑采用一种适合于多种条件的组合，相应能产生多个动作的形式来进行测试用例的设计，这就需要采用因果图法。因果图法就是一种利用图解法分析输入的各种组合情况，从而设计测试用例的方法，它适合于检查程序输入条件的各种情况的组合。

在因果图中使用 4 种符号分别表示 4 种因果关系，如图 5-2 所示。用直线连接左右节点，其中左节点 C_i 表示输入状态（或称原因），右节点 e_i 表示输出状态（或称结果）。C_i 和 e_i 都可取值 0 或 1，0 表示某状态不出现，1 表示某状态出现。

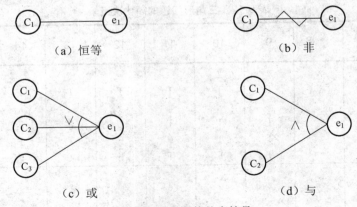

图 5-2　因果图的基本符号

图 5-2 中各符号的含义如下：

图 5-2（a）：表示恒等。若 C_1 是 1，则 e_1 也是 1；若 C_1 是 0，则 e_1 为 0。

图 5-2（b）：表示非。若 C_1 是 1，则 e_1 是 0；若 C_1 是 0，则 e_1 为 1。

图 5-3（c）：表示或。若 C_1 或 C_2 或 C_3 是 1，则 e_1 是 1；若 C_1、C_2、C_3 全为 0，则 e_1 为 0。

图 5-4（d）：表示与。若 C_1 和 C_2 都是 1，则 e_1 是 1，否则 e_1 为 0。

在实际问题中，输入状态相互之间还可能存在某些依赖关系，我们称之为约束。例如，某些输入条件不可能同时出现。输出状态之间也往往存在约束，在因果图中，以特定的符号标明这些约束，如图 5-3 所示。

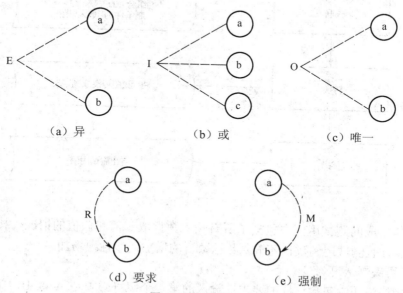

图 5-3　约束符号

图 5-3 中对输入条件的约束如下：

图 5-3（a）：表示 E 约束（异）。a 和 b 中最多有一个可能为 1，即 a 和 b 不能同时为 1。

图 5-3（b）：表示 I 约束（或）。a、b 和 c 中至少有一个必须是 1，即 a、b 和 c 不能同时为 0。

图 5-3（c）：表示 O 约束（唯一）。a 和 b 中必须有一个且仅有一个为 1。

图 5-3（d）：表示 R 约束（要求）。a 是 1 时，b 必须是 1，即 a 是 1 时，b 不能是 0。

对输出条件的约束只有 M 约束。

M 约束（强制）：若结果 a 是 1，则结果 b 强制为 0。

因果图法最终要生成决策表。

利用因果图法生成测试用例需要以下几个步骤：

（1）分析软件规格说明书中的输入输出条件，并且分析出等价类。分析规格说明中的语义的内容，通过这些语义来找出相对应的输入与输入之间，输入与输出之间的对应关系。

（2）将对应的输入与输入之间，输入与输出之间的关系连接起来，并且将其中不可能的组合情况标注成约束或者限制条件，形成因果图。

（3）将因果图转换成决策表。

（4）将决策表的每一列作为依据，设计测试用例。

上述步骤如图 5-4 所示。

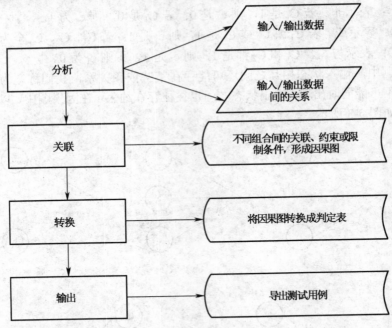

图 5-4　因果图法示例

　　从因果图生成的测试用例中包括了所有输入数据取真值和假值的情况，构成的测试用例数目达到最少，且测试用例数目随输入数据数目的增加而线性地增加。

　　2．因果图法测试用例

　　某软件规格说明中包含这样的要求：输入的第一个字符必须是 A 或 B，第二个字符必须是一个数字，在此情况下进行文件的修改；但如果第一个字符不正确，则给出信息 L；如果第二个字符不是数字，则给出信息 M。

　　解法如下：

　　（1）分析程序的规格说明，列出原因和结果。

　　原因：C_1——第一个字符是 A

　　　　　C_2——第一个字符是 B

　　　　　C_3——第二个字符是一个数字

　　结果：e_1——给出信息 L

　　　　　e_2——修改文件

　　　　　e_3——给出信息 M

　　（2）将原因和结果之间的因果关系用逻辑符号连接起来，得到因果图，如图 5-5 所示。编号为 11 的中间节点是导出结果的进一步原因。

　　因为 C_1 和 C_2 不可能同时为 1，即第一个字符不可能既是 A 又是 B，在因果图上可对其施加 E 约束，得到具有约束的因果图，如图 5-6 所示。

　　（3）将因果图转换成决策表，如表 5-14 所示。

　　（4）设计测试用例。表 5-14 中的前两种情况，因为 C_1 和 C_2 不可能同时为 1，所以应排除这两种情况。根据此表，可以设计出 6 个测试用例，如表 5-15 所示。

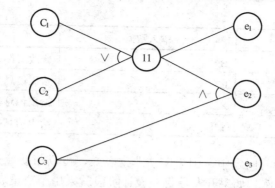

图 5-5　因果图示例

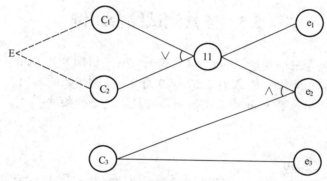

图 5-6　具有 E 约束的因果图

表 5-14　决策表

选项	规则	1	2	3	4	5	6	7	8
条件	C_1	1	1	1	1	0	0	0	0
	C_2	1	1	0	0	1	1	0	0
	C_3	1	0	1	0	1	0	1	0
	11			1	1	1	1	0	0
动作	e_1			0	0	0	0	1	1
	e_2			1	0	1	0	0	0
	e_3			0	1	0	1	0	1
	不可能	1	1						
测试用例				A5	A#	B9	B?	X2	Y%

表 5-15　测试用例

编号	输入数据	预期输出
Test Case 1	A5	修改文件
Test Case 2	A#	给出信息 M

续表

编号	输入数据	预期输出
Test Case 3	B9	修改文件
Test Case 4	B?	给出信息 M
Test Case 5	X2	给出信息 L
Test Case 6	Y%	给出信息 L 和信息 M

事实上，在较为复杂的问题中，因果图法非常有效，可以帮助检查输入条件组合，设计出非冗余、高效的测试用例。如果开发项目在设计阶段就采用了决策表，就不必再画因果图，可以直接利用决策表设计测试用例。

5.5 黑盒测试综合用例

NextDate 函数包含三个变量：month（月份）、day（日期）和 year（年），函数的输出为输入日期后一天的日期。例如，输入为 2007 年 9 月 9 日，则函数的输出为 2007 年 9 月 10 日。要求输入变量 month、day 和 year 均为整数值，并且满足下列条件：

- $1 \leqslant month \leqslant 12$
- $1 \leqslant day \leqslant 31$
- $1912 \leqslant year \leqslant 2050$

此函数的主要特点是输入变量之间的逻辑关系比较复杂。复杂性的来源有两个：一个是输入域的复杂性，另一个是指闰年的规则。例如变量 year 和变量 month 取不同的值，对应的变量 day 会有不同的取值范围，day 值的范围可能是 1～30 或 1～31，也可能是 1～28 或 1～29。

下面根据黑盒测试中几种常见的测试方法，为 NextDate 函数设计测试用例。

1. 等价类划分法设计测试用例

（1）简单等价类划分测试 NextDate 函数

1）有效等价类

简单等价类划分测试 NextDate 函数可以划分以下三种有效等价类：

M1＝{month：$1 \leqslant month \leqslant 12$}

D1＝{day：$1 \leqslant day \leqslant 31$}

Y1＝{year：$1912 \leqslant year \leqslant 2050$}

2）无效等价类

若三个条件中任何一个条件无效，那么 NextDate 函数都会产生一个输出，指明相应的变量超出取值范围，例如 month 的值不在 1～12 范围当中。显然还存在着大量的 year、month、day 的无效组合，NextDate 函数将这些组合统一输出为"无效输入日期"。其无效等价类为：

M2＝{month：month<1}

M3＝{month：month>12}

D2＝{day：day<1}

D3＝{day：day>31}

Y2＝{year：year<1912}

Y3＝{year：year>2050}

一般等价类测试用例如表 5-16 所示。

表 5-16   NextDate 函数的一般等价类测试用例

测试用例	输入			期望输出
	month	day	year	
Test Case 1	9	9	2007	2007 年 9 月 9 日

健壮等价类测试中包含弱健壮等价类测试和强健壮等价类测试。

3）弱健壮等价类测试

弱健壮等价类测试中的有效测试用例使用每个有效等价类中的一个值。弱健壮等价类测试中的无效测试用例则只包含一个无效值，其他都是有效值，即含有单缺陷假设。如表 5-17 所示。

表 5-17   NextDate 函数的弱健壮等价类测试用例

测试用例	输入			期望输出
	month	day	year	
Test Case 1	9	9	2007	2007 年 9 月 10 日
Test Case 2	0	9	2007	month 不在 1～12 中
Test Case 3	13	9	2007	month 不在 1～12 中
Test Case 4	9	0	2007	day 不在 1～31 中
Test Case 5	9	32	2007	day 不在 1～31 中
Test Case 6	9	9	1911	year 不在 1912～2050 中
Test Case 7	9	9	2051	year 不在 1912～2050 中

4）强健壮等价类测试

强健壮等价类测试考虑了更多的无效值情况。强健壮等价类测试中的无效测试用例可以包含多个无效值，即含有多个缺陷假设。因为 NextDate 函数有三个变量，所以对应的强健壮等价类测试用例可以包含一个无效值，两个无效值或三个无效值。如表 5-18 所示。

表 5-18   NextDate 函数的强健壮等价类测试用例

测试用例	输入			期望输出
	month	day	year	
Test Case 1	-1	9	2007	month 不在 1～12 中
Test Case 2	9	-1	2007	day 不在 1～31 中
Test Case 3	9	9	1900	year 不在 1912～2050 中
Test Case 4	-1	-1	2007	变量 month、day 无效 变量 year 有效

测试用例	输入			期望输出
	month	day	year	
Test Case 5	-1	9	1900	变量 month、year 无效 变量 day 有效
Test Case 6	9	-1	1900	变量 day、year 无效 变量 month 有效
Test Case 7	-1	-1	1900	变量 month、day、year 无效

（2）改进等价类划分测试 NextDate 函数

在简单等价类划分测试 NextDate 函数中，没有考虑 2 月份的天数问题，也没有考虑闰年的问题，月份只包含了 30 天和 31 天两种情况。在改进等价类划分测试 NextDate 函数中，要考虑 2 月份天数的问题。

关于每个月份的天数问题，可以详细划分为以下等价类：

M1＝{month：month 有 30 天}

M2＝{month：month 有 31 天}

M3＝{month：month 是 2 月}

D1＝{day：1≤day≤27}

D2＝{day：day＝28}

D3＝{day：day＝29}

D4＝{day：day＝30}

D5＝{day：day＝31}

Y1＝{year：year 是闰年}

Y2＝{year：year 不是闰年}

改进等价类划分测试 NextDate 函数如表 5-19 所示。

表 5-19　NextDate 函数改进等价类划分法测试用例

测试用例	输入			期望输出
	month	day	year	
Test Case 1	30	6	2007	2007 年 7 月 1 日
Test Case 2	31	8	2007	2007 年 9 月 1 日
Test Case 3	2	27	2007	2007 年 2 月 28 日
Test Case 4	2	28	2007	2007 年 3 月 1 日
Test Case 5	2	29	2000	2000 年 3 月 1 日 （2000 是闰年）
Test Case 6	31	9	2007	不可能的输入日期
Test Case 7	2	29	2007	不可能的输入日期

测试用例	输入			期望输出
	month	day	year	
Test Case 8	2	30	2007	不可能的输入日期
Test Case 9	15	9	2007	变量 month 无效
Test Case 10	9	35	2007	变量 day 无效
Test Case 11	9	9	2100	变量 year 无效

2. 边界值分析法设计测试用例

在 NextDate 函数中，规定了变量 month、day、year 的相应取值范围。在上面等价类法设计测试用例中已经提过，具体如下：

M1＝{month：1≤month≤12}

D1＝{day：1≤day≤31}

Y1＝{year：1912≤year≤2050}

表 5-20 为 NextDate 函数边界值法测试用例。

表 5-20 NextDate 函数边界值法测试用例

测试用例	输入			期望输出
	month	day	year	
Test Case 1	-1	15	2000	month 不在 1～12 中
Test Case 2	0	15	2000	month 不在 1～12 中
Test Case 3	1	15	2000	2000 年 1 月 16 日
Test Case 4	2	15	2000	2000 年 2 月 16 日
Test Case 5	11	15	2000	2000 年 11 月 16 日
Test Case 6	12	15	2000	2000 年 12 月 16 日
Test Case 7	13	15	2000	month 不在 1～12 中
Test Case 8	6	-1	2000	day 不在 1～31 中
Test Case 9	6	0	2000	day 不在 1～31 中
Test Case 10	6	1	2000	2000 年 6 月 2 日
Test Case 11	6	2	2000	2000 年 6 月 3 日
Test Case 12	6	30	2000	2000 年 7 月 1 日
Test Case 13	6	31	2000	不可能的输入日期
Test Case 14	6	32	2000	day 不在 1～31 中
Test Case 15	6	15	1911	year 不在 1912～2050 中
Test Case 16	6	15	1912	1912 年 6 月 16 日
Test Case 17	6	15	1913	1913 年 6 月 16 日
Test Case 18	6	15	2049	2049 年 6 月 16 日
Test Case 19	6	15	2050	2050 年 6 月 16 日
Test Case 20	6	15	2051	year 不在 1912～2050 中

3. 决策表法设计测试用例

NextDate 函数中包含了定义域各个变量之间的依赖问题。等价类划分法和边界值分析法只能"独立地"选取各个输入值，不能体现出多个变量的依赖关系。决策表法则是根据变量间的逻辑依赖关系设计测试输入数据，排除不可能的数据组合，很好地解决了定义域的依赖问题。

NextDate 函数求解给定某个日期的下一个日期的可能操作（动作桩）如下：

- 变量 day 加 1 操作；
- 变量 day 复位操作；
- 变量 month 加 1 操作；
- 变量 month 复位操作；
- 变量 year 加 1 操作。

根据上述动作桩发现 NextDate 函数的求解关键是日和月的问题，通常可以在下面等价类（条件桩）的基础上建立决策表：

M1＝{month：month 有 30 天}

M2＝{month：month 有 31 天，12 月除外}

M3＝{month：month 是 12 月}

M4＝{month：month 是 2 月}

D1＝{day：1≤day≤27}

D2＝{day：day＝28}

D3＝{day：day＝29}

D4＝{day：day＝30}

D5＝{day：day＝31}

Y1＝{year：year 是闰年}

Y2＝{year：year 不是闰年}

输入变量间存在大量逻辑关系的 NextDate 函数决策表如表 5-21 所示。

表 5-21　NextDate 函数的决策表

选项 ＼ 规则	1	2	3	4	5	6	7	8	9	10	11
条件:											
C1: month 在	M1	M1	M1	M1	M1	M2	M2	M2	M2	M2	M3
C2: day 在	D1	D2	D3	D4	D5	D1	D2	D3	D4	D5	D1
C3: year 在	—	—	—	—	—	—	—	—	—	—	—
动作:											
A1: 不可能					✓						
A2: day 加 1	✓	✓	✓			✓	✓	✓	✓		✓
A3: day 复位				✓						✓	
A4: month 加 1				✓						✓	
A5: month 复位											
A6: year 加 1											

续表

选项 ＼ 规则	12	13	14	15	16	17	18	19	20	21	22
条件:											
C1: month 在	M3	M3	M3	M3	M4	M4	M4	M4	M4	M4	M4
C2: day 在	D2	D3	D4	D5	D1	D2	D2	D3	D3	D4	D5
C3: year 在	—	—	—	—	—	Y1	Y2	Y1	Y2	—	—
动作:											
A1: 不可能									√	√	√
A2: day 加 1	√	√	√		√	√					
A3: day 复位				√			√	√			
A4: month 加 1							√	√			
A5: month 复位				√							
A6: year 加 1				√							

决策表共有 22 条规则：

- 第 1～5 条规则解决有 30 天的月份；
- 第 6～10 条规则解决有 31 天的月份（除 12 月份以外）；
- 第 11～15 条规则解决 12 月份；
- 第 16～22 条规则解决 2 月份和闰年的问题。

不可能规则也在决策表中列出，比如第 5 条规则中，在有 30 天的月份中也考虑了 31 日。

上述决策表有 22 条规则，比较复杂。可以根据具体情况适当合并动作项相同的规则，从而简化这 22 条规则。例如，规则 1、2 和 3 都涉及有 30 天的月份的 day 类 D1、D2 和 D3，并且它们的动作项都是 day 加 1，则可以将规则 1、2 和 3 合并。类似地，有 31 天的月份的 day 类 D1、D2、D3 和 D4 也可以合并，2 月的 D4 和 D5 也可以合并。表 5-21 可简化成表 5-22。

表 5-22　简化的 NextDate 函数决策表

规则 ＼ 选项	1,2,3	4	5	6,7,8,9	10	11,12,13,14	15	16	17	18	19	20	21,22
条件:													
C1: month 在	M1	M1	M1	M2	M2	M3	M3	M4	M4	M4	M4	M4	M4
C2: day 在	D1, D2, D3	D4	D5	D1, D2, D3, D4	D5	D1, D2, D3, D4	D5	D1	D2	D2	D3	D3	D4, D5
C3: year 在	—	—	—	—	—	—	—	—	Y1	Y2	Y1	Y2	—

规则 \ 选项	1, 2, 3	4	5	6, 7, 8, 9	10	11, 12, 13, 14	15	16	17	18	19	20	21, 22
动作:													
A1: 不可能			√									√	√
A2: day 加 1	√			√		√		√	√				
A3: day 复位		√			√		√			√	√		
A4: month 加 1		√			√					√	√		
A5: month 复位							√						
A6: year 加 1							√						

根据简化的决策表 5-22，可设计如表 5-23 所示的测试用例。

表 5-23 NextDate 函数的测试用例组

测试用例	month	day	year	预期输出
Test Case 1～3	6	15	2007	2007 年 6 月 16 日
Test Case 4	6	30	2007	2007 年 7 月 1 日
Test Case 5	6	31	2007	不可能的输入日期
Test Case 6～9	1	15	2007	2007 年 1 月 16 日
Test Case 10	1	31	2007	2007 年 2 月 1 日
Test Case 11～14	12	15	2007	2007 年 12 月 16 日
Test Case 15	12	31	2007	2008 年 1 月 1 日
Test Case 16	2	15	2007	2007 年 2 月 16 日
Test Case 17	2	28	2000	2000 年 2 月 29 日
Test Case 18	2	28	2007	2007 年 3 月 1 日
Test Case 19	2	29	2000	2000 年 3 月 1 日
Test Case 20	2	29	2007	不可能的输入日期
Test Case 21,22	2	30	2007	不可能的输入日期

小 结

为了最大程度地减少测试遗留的缺陷，同时也为了最大限度地发现存在的缺陷，在测试实施之前，测试工程师必须确定将要采用的黑盒测试策略和方法，并以此为依据制定详细的测试方案。

如何才能确定好的黑盒测试策略和测试方法呢？通常，在确定黑盒测试方法时，应该遵循以下原则：

（1）根据程序的重要性和一旦发生故障将造成的损失程度，来确定测试等级和测试重点。

（2）认真选择测试策略，以便能尽可能少地使用测试用例，发现尽可能多的程序错误。因为一次完整的软件测试过后，如果程序中遗留的错误过多且严重，则表明该次测试是不足的，而测试不足则意味着让用户承担隐藏错误带来的危险，但测试过度又会带来资源的浪费。因此，测试需要找到一个平衡点。

以下是各种黑盒测试方法选择的综合策略，可在实际应用过程中参考。

（1）首先进行等价类划分，包括输入条件和输出条件的等价划分，将无限测试变成有限测试，这是减少工作量和提高测试效率的最有效方法。

（2）在任何情况下都必须使用边界值分析方法。经验表明，用这种方法设计出测试用例发现程序错误的能力最强。

（3）对照程序逻辑，检查已设计出的测试用例的逻辑覆盖程度。如果没有达到要求的覆盖标准，应当再补充足够的测试用例。

如果程序的功能说明中含有输入条件的组合情况，则应在一开始就选用因果图法。

习　　题

1．常用的黑盒测试用例设计方法有哪些？举例说明。

2．下面是某股票公司的佣金政策，根据决策表方法设计具体测试用例。

如果一次销售额少于 1000 元，那么基础佣金将是销售额的 7%；如果销售额大于或等于 1000 元，但少于 10000 元，那么基础佣金将是销售额的 5%，外加 50 元；如果销售额大于或等于 10000 元，那么基础佣金将是销售额的 4%，外加 150 元。另外销售单价和销售的份数对佣金也有影响。如果单价低于 15 元/份，则外加基础佣金的 5%，此外若不是整百的份数，再外加 4%的基础佣金；若单价在 15 元/份以上，但低于 25 元/份，则加 2%的基础佣金，若不是整百的份数，再外加 4%的基础佣金；若单价在 25 元/份以上，并且不是整百的份数，则外加 4%的基础佣金。

3．测试银行提款机上的提款功能，要求用户输入的提款金额的有效数值是 50～2000，并以 50 为最小单位（即取款金额为 50 的倍数），且小数点后为 00，除小数点外，不可以出现数字以外的任何符号和文字。试用等价类划分法和边界值分析法设计测试用例。

4．某程序要求输入日期，规定变量 month、day、year 的取值范围为：$1 \leqslant month \leqslant 12$，$1 \leqslant day \leqslant 31$，$1958 \leqslant year \leqslant 2058$，试用边界值分析法设计测试用例。

第 6 章　白盒测试实例设计

本章概述

白盒测试是软件测试实践中最为有效和实用的方法之一。白盒测试是基于程序的测试，检测产品的内部结构是否合理以及内部操作是否按规定执行,覆盖测试与路径测试是其两大基本策略。本章重点围绕逻辑覆盖和路径分析，展开介绍常见的白盒测试方法，并通过实例说明如何实际运用白盒测试技术。

6.1　逻辑覆盖测试

白盒测试技术的常见方法之一就是覆盖测试，它是利用程序的逻辑结构设计相应的测试用例。测试人员要深入了解被测程序的逻辑结构特点，完全掌握源代码的流程，才能设计出恰当的用例。根据不同的测试要求，覆盖测试可以分为语句覆盖、判断覆盖、条件覆盖、判断/条件覆盖、条件组合覆盖和路径覆盖。

下面是一段简单的 C 语言程序，作为公共程序段来说明五种覆盖测试的各自特点。

程序 6-1：

```
1    If (x>100&& y>500) then
2      score=score+1
3    If (x>=1000|| z>5000) then
4      score=score+5
```

逻辑运算符&&表示与的关系，逻辑运算符||表示或的关系。其程序流程图如图 6-1 所示。

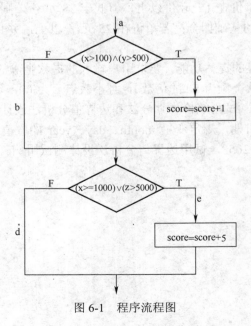

图 6-1　程序流程图

（1）语句覆盖

语句覆盖（Statement Coverage）是指设计若干个测试用例，程序运行时每个可执行语句至少被执行一次。在保证完成要求的情况下，测试用例的数目越少越好。

以下是针对公共程序段设计的两个测试用例：

Test Case 1：x=2000,y=600,z=6000

Test Case 2：x=900,y=600,z=5000

如表 6-1 所示，采用 Test Case 1 作为测试用例，则程序按路径 a,c,e 顺序执行，程序中的 4 个语句都被执行一次。符合语句覆盖的要求。采用 Test Case 2 作为测试用例，则程序按路径 a,c,d,顺序执行，程序中的语句 4 没有执行到，所以没有达到语句覆盖的要求。

表 6-1 测试用例组 1

测试用例	x，y，z	(x>100)and (y>500)	(x>=1000)or (z>5000)	执行路径
Test Case 1	2000,600,6000	True	True	ace
Test Case 2	900,600,5000	True	False	acd

从表面上看，语句覆盖用例测试了程序中的每一个语句行，好像对程序覆盖得很全面，但实际上语句覆盖测试是最弱的逻辑覆盖方法。例如，第一个判断的逻辑运算符&&误写成||，或者第二个判断的逻辑运算符||误写成&&，这时如果采用 Test Case 1 测试用例，是检验不出程序中的判断逻辑错误的。如果语句 3"If (x>=1000|| z>5000) then"误写成"If (x>=1500|| z>5000) then"，Test Case 1 同样无法发现错误之处。

根据上述分析可知，语句覆盖测试只是表面上的覆盖程序流程，没有针对源程序各个语句间的内在关系，设计更为细致的测试用例。

（2）判断覆盖

判断覆盖（Branch Coverage）又称为分支覆盖，是指设计若干个测试用例，执行被测试程序时，程序中每个判断条件的真值分支和假值分支至少被执行一遍。在保证完成要求的情况下，测试用例的数目越少越好。

测试用例组 2：

Test Case 1：x=2000,y=600,z=6000

Test Case 3：x=50,y=600,z=2000

如表 6-2 所示，采用 Test Case 1 作为测试用例，程序按路径 a,c,e 顺序执行，采用 Test Case 3 作为测试用例，程序按路径 a,b,d 顺序执行。所以采用这一组测试用例，公共程序段的 4 个判断分支 b,c,d,e 都被覆盖到了。

表 6-2 测试用例组 2

测试用例	x，y，z	(x>100)and (y>500)	(x>=1000)or (z>5000)	执行路径
Test Case 1	2000,600,6000	True	True	ace
Test Case 3	50,600,2000	False	False	abd

测试用例组 3：

Test Case 4：x=2000,y=600,z=2000

Test Case 5：x=2000, y=200, z=6000

如表 6-3 所示，显然采用这组测试用例同样可以满足判断覆盖。

表 6-3　测试用例组 3

测试用例	x，y，z	(x>100)and (y>500)	(x>=1000)or (z>5000)	执行路径
Test Case 4	2000,600,2000	True	False	acd
Test Case 5	2000,200,6000	False	True	abe

实际上，测试用例组 2 和测试用例组 3 不仅达到了判断覆盖要求，也同时满足了语句覆盖要求。某种程度上，可以说判断覆盖测试要强于语句覆盖测试。但是，如果将第二个判断条件((x>=1000)or (z>5000))中的 z>5000 误定义成 z 的其他限定范围，由于判断条件中的两个判断式是或的关系，其中一个判断式错误是不影响结果的，所以这两组测试用例是发现不了问题的。因此，应该用具有更强逻辑覆盖能力的覆盖测试方法来测试这种内部判断条件。

（3）条件覆盖

条件覆盖（Condition Coverage）是指设计若干个测试用例，执行被测试程序时，程序中每个判断条件中的每个判断式的真值和假值至少被执行一遍。

测试用例组 4：

Test Case 1：x=2000,y=600,z=6000

Test Case 3：x=50,y=600,z=2000

Test Case 5：x=2000,y=200,z=6000

如表 6-4 所示，把前面设计过的测试用例挑选出 Test Case 1,Test Case 3,Test Case 5 组合成测试用例组 4，组中的 3 个测试用例覆盖了 4 个内部判断式的 8 种真假值情况。同时这组测试用例也实现了判断覆盖。但是并不可以说判断覆盖是条件覆盖的子集。

表 6-4　测试用例组 4

测试用例	x, y, z	(x>100)	(y>500)	(x>=1000)	(z>5000)	执行路径
Test Case 1	2000,600,6000	True	True	True	False	ace
Test Case 3	50,600,2000	False	True	False	False	abd
Test Case 5	2000,200,6000	True	False	True	True	abe

测试用例组 5：

Test Case 6：50,600,6000

Test Case 7：2000,200,1000

如表 6-5（a）和表 6-5（b）所示，测试用例组 5 中的 2 个测试用例虽然覆盖了 4 个内部判断式的 8 种真假值情况。但是这组测试用例的执行路径是 abe，仅覆盖了判断条件的 4 个真假分支中的 2 个。所以，需要设计一种能同时满足判断覆盖和条件覆盖的覆盖测试方法，即判断/条件覆盖测试。

表 6-5　测试用例组 5

（a）

测试用例	x，y，z	(x>100)	(y>500)	(x>=1000)	(z>5000)	执行路径
Test Case 6	50,600,6000	False	True	False	True	abe
Test Case 7	2000,200,1000	True	False	True	False	abe

（b）

测试用例	x，y，z	(x>100)and (y>500)	(x>=1000)or (z>5000)	执行路径
Test Case 6	50,600,6000	False	True	abe
Test Case 7	2000,200,1000	False	True	abe

（4）判断/条件覆盖

判断/条件覆盖是指设计若干个测试用例，执行被测试程序时，程序中每个判断条件的真假值分支至少被执行一遍，并且每个判断条件的内部判断式的真假值分支也要被执行一遍。

测试用例组 6：

Test Case 1：x=2000, y=600, z=2000

Test Case 6：x=2000, y=200, z=6000

Test Case 7：x=2000, y=600, z=2000

Test Case 8：x=50, y=200, z=2000

如表 6-6（a）和表 6-6（b）所示，测试用例组 6 虽然满足了判断覆盖和条件覆盖，但是没有对每个判断条件的内部判断式的所有真假值组合进行测试。条件组合判断是必要的，因为条件判断语句中 and 和 or 会使内部判断式之间产生抑制作用。例如，C=A and B 中，如果 A 为假值，那么 C 就为假值，测试程序就不检测 B 了，B 的正确与否就无法测试了。同样，C=A OR B 中，如果 A 为真值，那么 C 就为真值，测试程序也不检测 B 了，B 的正确与否也就无法测试了。

表 6-6　测试用例组 6

（a）

测试用例	x，y，z	(x>100)	(y>500)	(x>=1000)	(z>5000)	执行路径
Test Case 1	2000,600,6000	True	True	True	True	ace
Test Case 8	50,200,2000	False	False	False	False	abd

（b）

测试用例	x，y，z	(x>100)and (y>500)	(x>=1000)or (z>5000)	执行路径
Test Case 1	2000,600,6000	True	True	ace
Test Case 8	50,200,2000	False	False	abd

（5）条件组合覆盖

条件组合覆盖是指设计若干个测试用例，执行被测试程序时，程序中每个判断条件的内部判断式的各种真假组合可能都至少被执行一遍。可见，满足条件组合覆盖的测试用例组一定满足判断覆盖、条件覆盖和判断/条件覆盖。

测试用例组 7：

Test Case 1：x=2000, y=600, z=2000
Test Case 6：x=2000, y=200, z=6000
Test Case 7：x=2000, y=600, z=2000
Test Case 8：x=50, y=200, z=2000

如表 6-7（a）和表 6-7（b）所示，测试用例组 7 虽然满足了判断覆盖、条件覆盖以及判断/条件覆盖，但是并没有覆盖程序控制流图中全部的 4 条路径（ace，abe，abe，abd），只覆盖了其中 3 条路径（ace，abe，abd）。软件测试的目的是尽可能地发现所有软件缺陷，因此程序中的每一条路径都应该进行相应的覆盖测试，从而保证程序中的每一个特定的路径方案都能顺利运行。能够达到这样要求的是路径覆盖测试。

表 6-7   测试用例组 7

（a）

测试用例	x, y, z	(x>100)	(y>500)	(x>=1000)	(z>5000)	执行路径
Test Case 1	2000,600,6000	True	True	True	True	ace
Test Case 6	50,600,6000	False	True	False	True	abe
Test Case 7	2000,200,1000	True	False	True	False	abe
Test Case 8	50,200,2000	False	False	False	False	abd

（b）

测试用例	x, y, z	(x>100)and (y>500)	(x>=1000)or (z>5000)	执行路径
Test Case 1	2000,600,6000	True	True	ace
Test Case 6	50,600,6000	False	True	abe
Test Case 7	2000,200,1000	False	True	abe
Test Case 8	50,200,2000	False	False	abd

（6）路径覆盖

路径覆盖（Path Coverage）要求设计若干测试用例，执行被测试程序时，能够覆盖程序中所有的可能路径。

测试用例组 8：

Test Case 1：x=2000,y=600,z=6000
Test Case 3：x=50,y=600,z=2000
Test Case 4：x=2000,y=600,z=2000
Test Case 7：x=2000,y=200,z=1000

如表 6-8（a）和表 6-8（b）所示，测试用例组 8 可以达到路径覆盖。

表 6-8 测试用例组 8

（a）

测试用例	x, y, z	(x>100)	(y>500)	(x>=1000)	(z>5000)	执行路径
Test Case 1	2000,600,6000	True	True	True	True	ace
Test Case 3	50,600,2000	False	True	False	False	abd
Test Case 4	2000,600,2000	True	True	True	False	acd
Test Case 7	2000,200,1000	True	False	True	False	abe

（b）

测试用例	x, y, z	(x>100)and (y>500)	(x>=1000)or (z>5000)	执行路径
Test Case 1	2000,600,6000	True	True	ace
Test Case 3	50,600,2000	False	False	abd
Test Case 4	2000,600,2000	True	True	acd
Test Case 7	2000,200,1000	False	True	abe

应该注意的是，上面 6 种覆盖测试方法所引用的公共程序只有短短 4 行，是一段非常简单的示例代码。然而在实际测试程序中，一个简短的程序，其路径数目是一个庞大的数字。要对其实现路径覆盖测试是很难的。所以，路径覆盖测试是相对的，尽可能把路径数压缩到一个可承受范围。

当然，即便对某个简短的程序段做到了路径覆盖测试，也不能保证源代码不存在其他软件问题了。其他的软件测试手段也是必要的，它们之间是相辅相成的。没有一个测试方法能够找尽所有软件缺陷，只能说是尽可能多地查找软件缺陷。

6.2 路径分析测试

着眼于路径分析的测试称为路径分析测试。完成路径测试的理想情况是做到路径覆盖。路径覆盖也是白盒测试最为典型的问题。独立路径选择和 Z 路径覆盖是两种常见的路径覆盖方法。

6.2.1 控制流图

白盒测试是针对软件产品内部逻辑结构进行测试的，测试人员必须对测试中的软件有深入的理解，包括其内部结构、各单元部分及之间的内在联系，还有程序运行原理等。因而这是一项庞大且复杂的工作。为了更加突出程序的内部结构，便于测试人员理解源代码，可以对程序流程图进行简化，生成控制流图（Control Flow Graph）。简化后的控制流图是由节点和控制边组成的。

1. 控制流图的特点

控制流图有以下几个特点：

（1）具有唯一入口节点，即源节点，表示程序段的开始语句；

（2）具有唯一出口节点，即汇节点，表示程序段的结束语句；

（3）节点由带有标号的圆圈表示，表示一个或多个无分支的源程序语句；

（4）控制边由带箭头的直线或弧表示，代表控制流的方向。

常见的控制流图如图 6-2 所示。

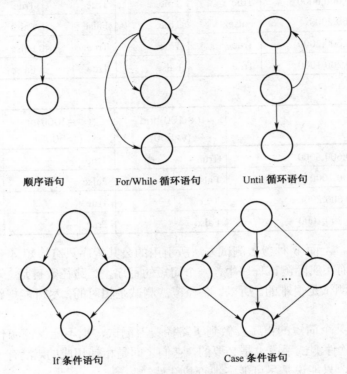

| 顺序语句 | For/While 循环语句 | Until 循环语句 |

If 条件语句   Case 条件语句

图 6-2　常见的控制流图

包含条件的节点被称为判断节点，由判断节点发出的边必须终止于某一个节点。

2. 程序环路复杂性

程序的环路复杂性是一种描述程序逻辑复杂度的标准，该标准运用基本路径方法，给出了程序基本路径集中的独立路径条数，这是确保程序中每个可执行语句至少执行一次所必需的测试用例数目的上界。

给定一个控制流图 G，设其环形复杂度为 V(G)，在这里介绍三种常见的计算方法来求解 V(G)：

（1）V(G)=E-N+2，其中 E 是控制流图 G 中边的数量，N 是控制流图中节点的数目。

（2）V(G)=P+1，其中 P 是控制流图 G 中判断节点的数目。

（3）V(G)=A，其中 A 是控制流图 G 中区域的数目。

由边和结点围成的区域叫做区域，当在控制流图中计算区域的数目时，控制流图外的区域也应记为一个区域。

6.2.2　独立路径测试

从前面学过的覆盖测试一节中可知，对一个较为复杂的程序要做到完全的路径覆盖测试，是不可能实现的。既然路径覆盖测试无法达到,那么可以对某个程序的所有独立路径进行测试,也就是说检验了程序的每一条语句,从而达到语句覆盖,这种测试方法就是独立路径测试方法。从控制流图来看,一条独立路径是至少包含有一条在其他独立路径中从未有过的边的路径。路径可以用控制流图中的节点序列来表示。

例如,在如图 6-3 所示的控制流图中,一组独立的路径是:

path1: 1→11
path2: 1→2→3→4→5→10→1→11
path3: 1→2→3→6→8→9→10→1→11
path4: 1→2→3→6→7→9→10→1→11

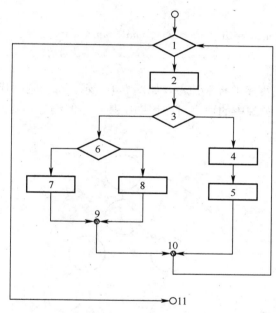

图 6-3 控制流图示例

路径 path1,path2,path3,path4 组成了控制流图的一个基本路径集。

白盒测试可以设计成基本路径集的执行过程。通常,基本路径集并不唯一确定。

独立路径测试的步骤包括 3 个方面:

- 导出程序控制流图;
- 求出程序环形复杂度;
- 设计测试用例(Test Case)。

下面通过一个 C 语言程序实例来具体说明独立路径测试的设计流程。这段程序是统计一行字符中有多少个单词,单词之间用空格分隔开。

程序 6-2:

```
1    main ()
2    {
3      int num1=0, num2=0, score=100;
4    int i;
```

```
5       char str;
6       scanf ("%d, %c\n", &i, &str);
7       while (i<5)
8       {
9           if (str='T')
10              num1++;
11          else if (str='F')
12          {
13            score=score-10;
14            num2 ++;
15          }
16          i++;
17      }
18      printf("num1=%d, num2=%d, score=%d\n", num1, num2, score);
19  }
```

1. 导出程序控制流图

根据源代码可以导出程序的控制流图，如图 6-4 所示。每个圆圈代表控制流图的节点，可以表示一个或多个语句。圆圈中的数字对应程序中某一行的编号。箭头代表边的方向，即控制流方向。

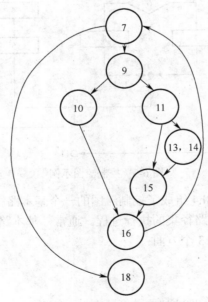

图 6-4 程序 6-2 的控制流图

2. 求出程序环形复杂度

根据程序环形复杂度的计算公式，求出程序路径集合中的独立路径数目。

公式 1：V(G)=10-8+2，其中 10 是控制流图 G 中边的数量，8 是控制流图中节点的数目。

公式 2：V(G)=3+1，其中 3 是控制流图 G 中判断节点的数目。

公式 3：V(G)=4，其中 4 是控制流图 G 中区域的数目。

因此，控制流图 G 的环形复杂度是 4。就是说，至少需要 4 条独立路径组成基本路径集合，并由此得到能够覆盖所有程序语句的测试用例。

3．设计测试用例

根据上面环形复杂度的计算结果，源程序的基本路径集合中有 4 条独立路径：

路径 1：7→18

路径 2：7→6→10→16→7→18

路径 3：7→6→11→15→16→7→18

路径 4：7→6→11→13→14→15→16→7→18

根据上述 4 条独立路径，设计了测试用例组 9，如表 6-9 所示。测试用例组 9 中的 4 个测试用例作为程序输入数据，能够遍历这 4 条独立路径。对于源程序中的循环体，测试用例组 9 中的输入数据使其执行零次或一次。

表 6-9　测试用例组 9

测试用例	输入		期望输出			执行路径
	i	str	num1	num2	score	
Test Case 1	5	'T'	0	0	100	路径 1
Test Case 2	4	'T'	1	0	100	路径 2
Test Case 3	4	'A'	0	0	100	路径 3
Test Case 4	4	'F'	0	1	90	路径 4

注意：如果程序中的条件判断表达式是由一个或多个逻辑运算符（OR,AND,NAND,NOR）连接的复合条件表达式，则需要变换为一系列只有单个条件的嵌套的判断。

例如：

程序 6-3：

```
1   if (a or b)
2   then
3       procedure x
4   else
5       procedure y;
6   ……
```

对应的控制流图如图 6-5 所示，程序行 1 的 a 和 b 都是独立的判断节点，还有程序行 4 也是判断节点，所以共计 3 个判断节点。图 6-5 的环形复杂度为 V(G)=3+1，其中 3 是图 6-5 中判断节点的数目。

6.2.3　Z 路径覆盖测试

和独立路径选择一样，Z 路径覆盖也是一种常见的路径覆盖方法。可以说 Z 路径覆盖是路径覆盖面的一种变体。对于语句较少的简单程序，路径覆盖是具有可行性的。但是对于源代码很多的复杂程序，或者对于含有较多条件语句和较多循环体的程序来说，需要测试的路径数目会成倍增长，达到一个巨大数字，以致于无法实现路径覆盖。

为了解决这一问题，必须舍弃一些不重要的因素，简化循环结构，从而极大地减少路径的数量，使得覆盖这些有限的路径成为可能。采用简化循环方法的路径覆盖就是 Z 路径覆盖。

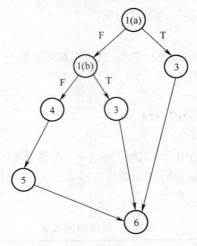

图 6-5　程序 6-3 的控制流图

所谓简化循环，就是减少循环的次数。不考虑循环体的形式和复杂度如何，也不考虑循环体实际上需要执行多少次，只考虑通过循环体零次循环和一次循环这两种情况。这里的零次循环是指跳过循环体，从循环体的入口直接到循环体的出口。通过一次循环体是指检查循环初始值。

根据简化循环的思路，循环要么执行，要么跳过，这和判定分支的效果是一样的。可见，简化循环就是将循环结构转变成选择结构。

如图 6-6（a）和图 6-6（b）所示表示了两种最典型的循环控制结构。图 6-6（a）是先比较循环条件后执行循环体，循环体 B 可能执行也可能不被执行。限定循环体 B 执行零次和一次，这样就和图 6-6（c）的条件结构一样了。图 6-6（b）是先执行循环体后比较循环条件。假设循环体 B 被执行一次，在经过条件判断跳出循环，那么其效果就和图 6-6（c）的条件结构只执行右分支的效果一样了。

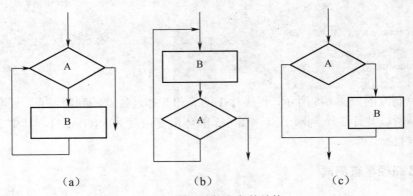

（a）　　　　　　　　（b）　　　　　　　　（c）

图 6-6　循环结构和条件结构

一旦将循环结构简化为选择结构后，路径的数量将大大减少，这样就可以实现路径覆盖测试了。对于实现简化循环的程序，可以将程序用路径树来表示。当得到某一程序的路径树后，从其根节点开始，一次遍历，再回到根节点时，将所经历的叶节点名排列起来，就得到一个路径。如果已经遍历了所有叶节点，那就得到了所有的路径。当得到所有的路径后，生成每个路径的测试用例，就可以实现 Z 路径覆盖测试。

6.3　其他白盒测试方法

　　白盒测试除了覆盖测试和路径分析测试两大类方法之外，还有很多其他常见的测试方法，如循环测试、变异测试、程序插装等。这些方法相辅相成，增强测试效果，提高测试效率。

6.3.1　循环测试

　　循环测试是一种着重循环结构有效性测试的白盒测试方法。循环结构测试用例的设计有以下 4 种模式，如图 6-7 所示。

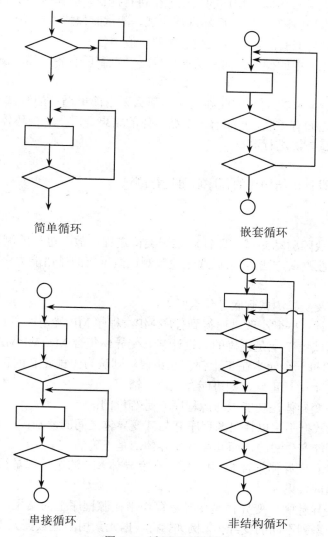

简单循环　　　　　　　　　　嵌套循环

串接循环　　　　　　　　　　非结构循环

图 6-7　循环测试的模式

1．简单循环

设计简单循环测试用例时，有以下几种测试集情况，其中 n 是可以通过循环体的最大次数：

（1）零次循环：跳过循环体，从循环入口到出口；

（2）通过一次循环体：检查循环初始值；

（3）通过两次循环体：检查两次循环

（4）m 次通过循环体（m<n）：检查多次循环；

（5）n,n-1,n+1 次通过循环体：检查最大次数循环以及比最大次数多一次、少一次的循环。

2. 嵌套循环

如果采用简单循环中的测试集来测试嵌套循环，可能的测试数目就会随着嵌套层数的增加成几何级的增长。这样的测试是无法实现的。所以，要减少测试数目。

（1）对最内层循环，按照简单循环的测试方法进行测试，把其他外层循环设置为最小值；

（2）逐步外推，对其外面一层的循环进行测试。测试时保持本次循环的所有外层循环仍取最小值，而由本层循环嵌套的循环取某些"典型"值；

（3）反复进行（2）中的操作，向外层循环推进，直到所有各层循环测试完毕。

3. 串接循环

如果串接循环的循环体之间是彼此独立的，那么采用简单循环的测试方法进行测试。如果串接循环的循环体之间有关联，例如前一个循环体的结果是后一个循环体的初始值，那么需要应用嵌套循环的测试方法进行测试。

4. 非结构循环

不能测试，重新设计出结构化的程序后再进行测试。

6.3.2 变异测试

变异测试是一种故障驱动测试，即针对某一类特定程序故障进行的测试，变异测试也是一种比较成熟的排错性测试方法。它可以通过检验测试数据集的排错能力来判断软件测试的充分性。

那么程序变异以及变异测试到底是什么呢？

假设对程序 P 进行一些微小改动而得到程序 MP，程序 MP 就是程序 P 的一个变异体。

假设程序 P 在测试集 T 上是正确的，设计某一变异体集合 M={MP|MP 是 P 的变异体}，若变异体集合 M 中的每一个元素在 T 上都存在错误，则认为源程序 P 的正确度较高，否则若 M 中的某些元素在 T 上运行正确，则可能存在以下情况：

● M 中的这些变异体在功能上与源程序 P 是等价的；

● 现有的测试数据不足以找出源程序 P 与其变异体之间的差别；

● 源程序 P 可能产生故障，而其某些变异体却是正确的。

可见，测试集 T 和变异体集合 M 中的每一个变异体 MP 的选择都是很重要的，它们会直接影响变异测试的测试效果。

那么如何建立变异体呢？变异体是变异运算作用在源程序上的结果。被测试的源程序经过变异运算会产生一系列不同的变异体。例如，将数据元素用其他数据元素替代，使常量值增加或减少，改动数组分量，变换操作符，替换或删除某些语句等。

总之，对程序进行变换的方法多种多样，具体操作要靠测试人员的实际经验。通过变异分析构造测试数据集的过程是一个循环过程，当对源程序及其变异体进行测试后，若发现某些变异体并不理想，就要适当增加测试数据，直到所有变异体达到理想状态，即变异体集合中的每一个变异体在 T 上都存在错误。

6.3.3 程序插装

程序插装是借助于在被测程序中设置断点或打印语句来进行测试的方法，在执行测试的过程中可以了解一些程序的动态信息。这样在运行程序时，既能检验测试的结果数据，又能借助插入语句给出的信息掌握程序的动态运行特性，从而把程序执行过程中所发生的重要事件记录下来。

程序插装设计时主要需要考虑三方面因素：

（1）需要探测哪些信息；

（2）在程序的什么位置设立插装点；

（3）计划设置多少个插装点。

插装技术在软件测试中主要有以下几个应用：

（1）覆盖分析。程序插装可以估计程序控制流图中被覆盖的程度，确定测试执行的充分性，从而设计更好的测试用例，提高测试覆盖率。

（2）监控。在程序的特定位置设立插装点，插入用于记录动态特性的语句，用来监控程序运行时的某些特性，从而排除软件故障。

（3）查找数据流异常。程序插装可以记录在程序执行中某些变量值的变化情况和变化范围。掌握了数据变量的取值状况，就能准确地判断是否发生数据流异常。虽然数据流异常可以用静态分析器来发现，但是使用插装技术更经济、更简便，毕竟所有信息的获取都是随着测试过程附带得到的。

6.4 白盒测试综合用例

实例 1 运用逻辑覆盖的方法测试程序

程序 6-4：

```
1    If (x>1&& y=1) then
2      z=z*2
3    If (x=3|| z>1) then
4      y++;
```

运用逻辑覆盖的方法设计测试用例组，如表 6-10 所示。

表 6-10 测试用例组 10

	测试用例组	执行路径
语句覆盖	x=3,y=1,z=2	1,2,3,4
判断覆盖	x=3,y=1,z=2	1,2,3,4
	x=1,y=1,z=1	1,3

	测试用例组	执行路径
条件覆盖	x=3,y=0,z=1	1,3,4
	x=1,y=1,z=2	1,3,4
判断/条件覆盖	x=3,y=1,z=2	1,2,3,4
	x=1,y=0,z=1	1,3
条件组合覆盖	x=3,y=1,z=2	1,2,3,4
	x=3,y=0,z=1	1,3,4
	x=1,y=1,z=2	1,3,4
	x=1,y=0,z=1	1,3
路径覆盖	x=3,y=1,z=2	1,2,3,4
	x=3,y=0,z=1	1,3,4
	x=2,y=1,z=1	1,2,3
	x=1,y=1,z=1	1,3

实例2　运用路径分析的方法测试程序

程序6-5：

```
1    main ()
2    {
3     int flag, t1, t2, a=0, b=0;
4    scanf ("%d, %d, %d\n", &flag, &t1, &t2);
5     while (flag>0)
6     {
7      a=a+1;
8      if (t1=1)
9      then
10     {
11         b=b+1;
12    flag=0;
13         }
14      else
15     {
16          if (t2=1)
17    then b=b-1;
18    else a=a-2;
19    flag--;
20        }
21       }
22     printf("a=%d, b=d%\n", a, b);
23    }
```

1. 程序的流程图如图 6-8 所示

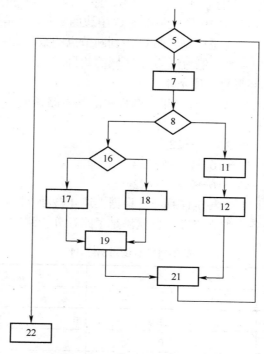

图 6-8　程序 6-5 的流程图

2. 程序的控制流图如图 6-9 所示

其中 R1、R2、R3 和 R4 代表控制流图的 4 个区域。R4 代表的是控制流图外的区域，也算作控制流图的一个区域。

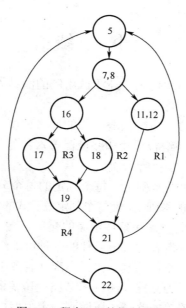

图 6-9　程序 6-5 的控制流图

3. 运用路径分析的方法设计测试用例组

（1）根据程序环形复杂度的计算公式，求出程序路径集合中的独立路径数目。

公式 1：V(G)=11-9+2，其中 10 是控制流图 G 中边的数量，8 是控制流图中节点的数目。

公式 2：V(G)=3+1，其中 3 是控制流图 G 中判断节点的数目。

公式 3：V(G)=4，其中 4 是控制流图 G 中区域的数目。

因此，控制流图 G 的环形复杂度是 4。

（2）根据上面环形复杂度的计算结果，源程序的基本路径集合中有 4 条独立路径：

路径 1：5→22

路径 2：5→7, 5→11, 12→21→5→22

路径 3：5→7, 5→16→17→16→21→5→22

路径 4：5→7, 5→16→15→16→21→5→22

（3）设计测试用例组 11 如表 6-11 所示。根据上述 4 条独立路径设计出了这组测试用例，其中的 4 组数据能够遍历各个独立路径，也就满足了路径分析测试的要求。

表 6-11　测试用例组 11

测试用例	输入			期望输出		执行路径
	flag	t1	t2	a	b	
Test Case 1	0	1	1	0	0	路径 1
Test Case 2	1	1	0	1	1	路径 2
Test Case 3	1	0	1	1	-1	路径 3
Test Case 4	1	0	1	-1	0	路径 4

需要注意的是，对于源程序中的循环体，测试用例组 11 中的输入数据使其执行零次或一次。

小　结

白盒测试是基于被测程序的源代码设计测试用例的测试方法。常见的白盒测试方法有逻辑覆盖测试和路径分析测试两大类。

在逻辑覆盖测试中，按照覆盖策略由弱到强的严格程度，介绍了语句覆盖、判断覆盖、条件覆盖、判断/条件覆盖、条件组合覆盖和路径覆盖六种覆盖测策略。

- 语句覆盖：每个语句至少执行一次。
- 判定覆盖：在语句覆盖的基础上，每个判定的每个分支至少执行一次。
- 条件覆盖：在语句覆盖的基础上，使每个判定表达式的每个条件都取到各种可能的结果。
- 判断/条件覆盖：即判断覆盖和条件覆盖的交集。
- 条件组合覆盖：每个判定表达式中条件的各种可能组合都至少出现一次。
- 路径覆盖：每条可能的路径都至少执行一次，若图中有环，则每个环至少经过一次。

在路径分析测试中，介绍了独立路径测试和 Z 路径覆盖测试两种常用方法。

- 独立路径测试方法把覆盖的路径数压缩到一定限度内，程序中的循环体最多只执行一次，对程序中所有独立路径进行测试。它是在程序控制流图的基础上，分析控制构造的环路复杂性，导出基本可执行路径集合，设计测试用例的方法。设计出的测试用例要保证程序的每一个可执行语句至少要执行一次。

● Z 路径覆盖测试是指采用简化循环的方法进行路径覆盖测试。被测源程序中的循环体执行零次或一次。

最后，介绍了其他一些白盒测试方法。循环测试是一种着重循环结构有效性测试的测试方法。变异测试是一种故障驱动测试，针对某一类特定程序故障进行的测试。程序插装是借助于在被测程序中设置断点或打印语句来进行测试的方法，在执行测试的过程中可以了解一些程序的动态信息。

习　　题

1. 阐述白盒测试的各种方法，进行分析总结。
2. 分析归纳逻辑覆盖测试的六种覆盖策略的各自特点。
3. 简述独立路径测试的基本步骤。
4. 对下列 C 语言程序设计逻辑覆盖测试用例。

```
Void test(int X, int A, int B)
{
    If (A>1&& B＝0) then
      X=X/A
    If (A=2|| X>1) then
      X=X+1;
}
```

第 7 章　软件测试计划与相关文档

本章概述

软件测试的目的是尽可能早一些找出软件缺陷，并确保其得以修复。软件测试人员不断追求着低成本下的高效率测试，而成功的测试要依靠有效的测试计划、测试用例和软件测试报告，它们也是测试过程要解决的核心问题。

本章主要介绍软件测试计划的制定、测试文档的形成、测试用例文档的编写以及测试报告的编写格式。

7.1　测试计划的制定

7.1.1　测试计划

软件测试是一个有组织、有计划的活动，应当给予充分的时间和资源进行测试计划，这样软件测试才能在合理的控制下正常进行。测试计划（Test Planning）作为测试的起始步骤，是整个软件测试过程的关键管理者。

1. 测试计划的定义

测试计划规定了测试各个阶段所要使用的方法策略、测试环境、测试通过或失败的准则等内容。《ANSI/IEEE 软件测试文档标准 829—1983》将测试计划定义为："一个叙述了预定的测试活动的范围、途径、资源及进度安排的文档。它确认了测试项、被测特征、测试任务、人员安排，以及任何偶发事件的风险。"

2. 测试计划的目的和作用

测试计划的目的是明确测试活动的意图。它规范了软件测试内容、方法和过程，为有组织地完成测试任务提供保障。专业的测试必须以一个好的测试计划作为基础。尽管测试的每一个步骤都是独立的，但是必须要有一个起到框架结构作用的测试计划。

3. 测试计划书

测试计划文档化就成为测试计划书，包含总体计划和分级计划，是可以更新改进的文档。从文档的角度看，测试计划书是最重要的测试文档，完整细致并具有远见性的计划书会使测试活动安全顺利地向前进行，从而确保所开发的软件产品的高质量。

4. 测试计划的内容

软件测试计划是整个测试过程中最重要的部分，为实现可管理且高质量的测试过程提供基础。测试计划以文档形式描述软件测试预计达到的目标，确定测试过程所要采用的方法策略。测试计划包括测试目的、测试范围、测试对象、测试策略、测试任务、测试用例、资源配置、测试结果分析和度量以及测试风险评估等，测试计划应当足够完整但也不应当太详尽。借助软件测试计划，参与测试的项目成员，尤其是测试管理人员，可以明确测试任务和测试方法，保持测试实施过程的顺畅沟通，跟踪和控制测试进度，应对测试过程中的各种变更。因此一份好的测试计划需要综合考虑各种影响测试的因素。

实际的测试计划内容因不同的测试对象而灵活变化，但通常来说，一个正规的测试计划应该包含以下几个项目，也可以看作是通用的测试计划样本以供参考：

- 测试的基本信息：包括测试目的、背景、测试范围等；
- 测试的具体目标：列出软件需要进行的测试部分和不需要进行的测试部分；
- 测试的策略：测试人员采用的测试方法，如回归测试、功能测试、自动测试等；
- 测试的通过标准：测试是否通过的界定标准以及没有通过情况的处理方法；
- 停测标准：给出每个测试阶段停止测试的标准；
- 测试用例：详细描述测试用例，包括测试值、测试操作过程、测试期待值等；
- 测试的基本支持：测试所需硬件支持、自动测试软件等；
- 部门责任分工：明确所有参与软件管理、开发、测试、技术支持等部门的责任细则；
- 测试人力资源分配：列出测试所需人力资源以及软件测试人员的培训计划；
- 测试进度安排：制定每一个阶段的详细测试进度安排表；
- 风险估计和危机处理：估计测试过程中潜在的风险以及面临危机时的解决办法。

一个理想的测试计划应该体现以下几个特点：

- 在检测主要缺陷方面有一个好的选择；
- 提供绝大部分代码的覆盖率；
- 具有灵活性；
- 易于执行、回归和自动化；
- 定义要执行测试的种类；
- 测试文档明确说明期望的测试结果；
- 当缺陷被发现时提供缺陷核对；
- 明确定义测试目标；
- 明确定义测试策略；
- 明确定义测试通过标准；
- 没有测试冗余；
- 确认测试风险；
- 文档化确定测试的需求；
- 定义可交付的测试件。

软件测试计划是整个软件测试流程工作的基本依据，测试计划中所列条目在实际测试中必须一一执行。在测试的过程中若发现新的测试用例，就要尽早补充到测试计划中。若预先制定的测试计划项目在实际测试中不适用或无法实现，那么也要尽快对计划进行修改，使计划具有可行性。

7.1.2　测试计划的制定

1. 测试计划的制定

测试的计划与控制是整个测试过程中最重要的阶段，它为实现可管理且高质量的测试过程提供基础。这个阶段需要完成的主要工作内容是：拟定测试计划，论证那些在开发过程中难于管理和控制的因素，明确软件产品的最重要部分（风险评估）。

（1）概要测试计划。概要测试计划是在软件开发初期制定的，其内容包括：

1）定义被测试对象和测试目标；

2）确定测试阶段和测试周期的划分；

3）制定测试人员，软、硬件资源和测试进度等方面的计划；

4）明确任务与分配及责任划分；

5）规定软件测试方法、测试标准。比如，语句覆盖率达到98%，三级以上的错误改正率达98%等；

6）所有决定不改正的错误都必须经专门的质量评审组织同意；

7）支持环境和测试工具等。

（2）详细测试计划。详细测试计划是测试者或测试小组的具体的测试实施计划，它规定了测试者负责测试的内容、测试强度和工作进度，是检查测试实际执行情况的重要标准。

详细测试计划的主要内容有：计划进度和实际进度对照表；测试要点；测试策略；尚未解决的问题和障碍。

（3）制定主要内容。计划进度和实际进度对照表；测试要点；测试策略；尚未解决的问题和障碍。

（4）制定测试大纲（用例）。测试大纲是软件测试的依据，保证测试功能不被遗漏，并且功能不被重复测试，使得能合理安排测试人员，使得软件测试不依赖于个人。

测试大纲包括：测试项目、测试步骤、测试完成的标准以及测试方式（手动测试或自动测试）。测试大纲不仅是软件开发后期测试的依据，而且在系统的需求分析阶段也是质量保证的重要文档和依据。无论是自动测试还是手动测试，都必须满足测试大纲的要求。

测试大纲的本质：从测试的角度对被测对象的功能和各种特性的细化和展开。针对系统功能的测试大纲是基于软件质量保证人员对系统需求规格说明书中有关系统功能定义的理解，将其逐一细化展开后编制而成的。

测试大纲的好处：保证测试功能不被遗漏，使得软件功能不被重复测试，合理安排测试人员，使得软件测试不依赖于个人。测试大纲不仅是软件开发后期测试的依据，而且在系统的需求分析阶段也是质量保证的重要文档和依据。

（5）制定测试通过或失败的标准。测试标准为可观的陈述，它指明了判断/确认测试在何时结束，以及所测试的应用程序的质量。测试标准可以是一系列的陈述或对另一文档（如测试过程指南或测试标准）的引用。

测试标准应该指明：

● 确切的测试目标；

● 度量的尺度如何建立；

● 使用了那些标准对度量进行评价。

（6）制定测试挂起标准和恢复的必要条件。指明挂起全部或部分测试项的标准，并指明恢复测试的标准及其必须重复的测试活动。

（7）制定测试任务安排。明确测试任务，对每项任务都必须明确7个主题。

● 任务：用简洁的句子对任务加以说明；

● 方法和标准：指明执行该任务时，应该采用的方法以及所应遵守的标准；

● 输入输出：给出该任务所必需的输入/输出；

● 时间安排：给出任务的起始和持续时间；

- 资源：给出任务所需要的人力和物力资源；
- 风险和假设：指明启动该任务应满足的假设，以及任务执行可能存在的风险；
- 角色和职责：指明由谁负责该任务的组织和执行，以及谁将担负怎样的职责。

（8）制定应交付的测试工作产品。指明应交付的文档、测试代码和测试工具，一般包括以下文档：测试计划、测试方案、测试用例、测试规程、测试日志、测试总结报告、测试输入与输出数据、测试工具。

（9）制定工作量估计。给出前面定义任务的人力需求和总计。

（10）编写测试方案文档。测试方案文档是设计测试阶段文档，指明为完成软件或软件集成的特性测试而进行的设计测试方法的细节文档。

7.1.3　软件开发、软件测试与测试计划制定的并行关系

软件开发、软件测试与测试计划制定的并行关系如图 7-1 所示。

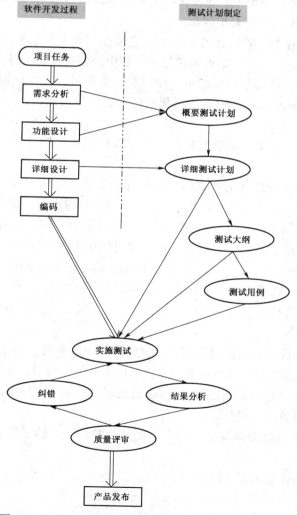

图 7-1　软件开发、软件测试与测试计划制定的并行关系

7.2 测试文档

7.2.1 测试文档

1. 测试文档的定义

测试文档（Testing Documentation）记录和描述了整个测试流程，它是整个测试活动中非常重要的文件。测试过程实施所必备的核心文档是：测试计划、测试用例（大纲）和软件测试报告。

2. 测试文档的重要性

软件测试是一个很复杂的过程，涉及软件开发其他阶段的工作，对于提高软件质量、保证软件正常运行有着十分重要的意义，因此必须把对测试的要求、过程及测试结果以正式的文档形式写下来。软件测试文档用来描述要执行的测试及测试的结果。可以说，测试文档的编制是软件测试工作规范化的一个重要组成部分。

软件测试文档不只在测试阶段才开始考虑，它应在软件开发的需求分析阶段就开始着手编制，软件开发人员的一些设计方案也应在测试文档中得到反映，以利于设计的检验。测试文档对于测试阶段的工作有着非常明显的指导作用和评价作用。即便在软件投入运行的维护阶段，也常常要进行再测试或回归测试，这时仍会用到软件测试文档。

3. 测试文档的内容

整个测试流程会产生很多个测试文档，一般可以把测试文档分为两类：测试计划和测试分析报告。

测试计划文档描述将要进行的测试活动的范围、方法、资源和时间进度等。测试计划中罗列了详细的测试要求，包括测试的目的、内容、方法、步骤以及测试的准则等。在软件的需求和设计阶段就要开始制定测试计划，不能在开始测试的时候才制定测试计划。通常，测试计划的编写要从需求分析阶段开始，直到软件设计阶段结束时才完成。

测试报告是执行测试阶段的测试文档，对测试结果进行分析说明。说明软件经过测试以后，结论性的意见如何，软件的能力如何，存在哪些缺陷和限制等，这些意见既是对软件质量的评价，又是决定该软件能否交付用户使用的依据。由于要反映测试工作的情况，自然应该在测试阶段编写。

测试报告包含了相应测试项的执行细节。软件测试报告是软件测试过程中最重要的文档，记录问题发生的环境，如各种资源的配置情况、问题的再现步骤以及问题性质的说明。测试报告更重要的是还记录了问题的处理进程，而问题的处理进程从一定角度上反映了测试的进程和被测软件的质量状况以及改善过程。

《计算机软件测试文档编制规范》给出了更具体的测试文档编制建议，其中包括以下几个内容。

- 测试计划：描述测试活动的范围、方法、资源和进度，其中规定了被测试的对象、被测试的特性、应完成的测试任务、人员职责及风险等。
- 测试设计规格说明：详细描述测试方法、测试用例设计以及测试通过的准则等。

- 测试用例规格说明：测试用例文档描述一个完整的测试用例所需要的必备因素，如输入、预期结果、测试执行条件以及对环境的要求、对测试规程的要求等。
- 测试步骤规格说明：测试规格文档指明了测试所执行活动的次序，规定了实施测试的具体步骤。它包括测试规程清单和测试规程列表两部分。
- 测试日志：日志是测试小组对测试过程所作的记录。
- 测试事件报告：报告说明测试中发生的一些重要事件。
- 测试总结报告：对测试活动所作的总结和结论。

上述测试文档中，前 4 项属于测试计划类文档，后 3 项属于测试分析报告类文档。

7.2.2　软件生命周期各阶段的测试任务与可交付的文档

通常软件生命周期可分为以下六个阶段：需求阶段、功能设计阶段、详细设计阶段、编码阶段、软件测试阶段以及运行/维护阶段，相邻两个阶段之间可能存在一定程度的重复以保证阶段之间的顺利衔接，但每个阶段的结束是有一定的标志，例如已经提交可交付文档等。

1. 需求阶段

（1）测试输入

需求计划（来自开发）。

（2）测试任务

- 制定验证和确认测试计划；
- 对需求进行分析和审核；
- 分析并设计基于需求的测试，构造对应的需求覆盖或追踪矩阵。

（3）可交付的文档

- 验收测试计划（针对需求设计）；
- 验收测试报告（针对需求设计）。

2. 功能设计阶段

（1）测试输入

功能设计规格说明（来自开发）。

（2）测试任务

- 功能设计验证和确认测试计划；
- 分析和审核功能设计规格说明；
- 可用性测试设计；
- 分析并设计基于功能的测试，构造对应的功能覆盖矩阵；
- 实施基于需求和基于功能的测试。

（3）可交付的文档

- 主确认测试计划；
- 验收测试计划（针对功能设计）；
- 验收测试报告（针对功能设计）。

3. 详细设计阶段

（1）测试输入

详细设计规格说明（来自开发）。

（2）测试任务
- 详细设计验收测试计划；
- 分析和审核详细设计规格说明；
- 分析并设计基于内部的测试。

（3）可交付的文档
- 详细确认测试计划；
- 验收测试计划（针对详细设计）；
- 验收测试报告（针对详细设计）；
- 测试设计规格说明。

4. 编码阶段
（1）测试输入

代码（来自开发）。

（2）测试任务
- 代码验收测试计划；
- 分析代码；
- 验证代码；
- 设计基于外部的测试；
- 设计基于内部的测试。

（3）可交付的文档
- 测试用例规格说明；
- 需求覆盖或追踪矩阵；
- 功能覆盖矩阵；
- 测试步骤规格说明；
- 验收测试计划（针对代码）；
- 验收测试报告（针对代码）。

5. 软件测试阶段
（1）测试输入
- 要测试的软件；
- 用户手册。

（2）测试任务
- 制定测试计划；
- 审查由开发部门进行的单元和集成测试；
- 进行功能测试；
- 进行系统测试；
- 审查用户手册。

（3）可交付的文档
- 测试记录；
- 测试事故报告；
- 测试总结报告。

6. 运行/维护阶段

（1）测试输入

- 已确认的问题报告；
- 软件生命周期。软件生命周期是一个重复的过程。如果软件被修改了，开发和测试活动都要回归到与修改相对应的生命周期阶段。

（2）测试任务

- 监视验收测试；
- 为确认的问题开发新的测试用例；
- 对测试的有效性进行评估。

（3）可交付的文档

可升级的测试用例库。

7.3　测试用例文档的设计

1. 测试用例

测试用例（Test Case）是为了高效率地发现软件缺陷而精心设计的少量测试数据。实际测试中，由于无法达到穷举测试，所以要从大量输入数据中精选有代表性或特殊性的数据来作为测试数据。好的测试用例应该能发现尚未发现的软件缺陷。

2. 测试用例文档应包含以下内容

（1）测试用例表。

测试用例表如表 7-1 所示。

表 7-1　测试用例表

用例编号		测试模块		
编制人		编制时间		
开发人员		程序版本		
测试人员		测试负责人		
用例级别				
测试目的				
测试内容				
测试环境				
规则指定				
执行操作				
测试结果	步骤	预期结果		实测结果
	1			
	2			
	……			
备注				

对其中一些项目做如下说明：

- 用例编号：对该测试用例分配唯一的标识号。
- 用例级别：指明该用例的重要程度。测试用例的级别分为 4 级：级别 1（基本）、级别 2（重要）、级别 3（详细）、级别 4（生僻）。
- 执行操作：执行本测试用例所需的每一步操作。
- 预期结果：描述被测项目或被测特性所希望或要求达到的输出或指标。
- 实测结果：列出实际测试时的测试输出值，判断该测试用例是否通过。
- 备注：如需要，则填写"特殊环境需求（硬件、软件、环境）""特殊测试步骤要求""相关测试用例"等信息。

（2）测试用例清单

测试用例清单如表 7-2 所示。

表 7-2　测试用例清单

项目编号	测试项目	子项目编号	测试子项目	测试用例编号	测试结论	结论
1		1		1		
……		……		……		
总数		—		—		—

7.4　测试总结报告

测试总结报告主要包括测试结果统计表、测试问题表和问题统计表、测试进度表、测试总结表等。

1. 测试结果统计表

测试结果统计表主要是对测试项目进行统计，统计计划测试项和实际测试项的数量，以及测试项通过多少、失败多少等。测试结果统计表如表 7-3 所示。

表 7-3　测试结果统计表

	计划测试项	实际测试项	【Y】项	【P】项	【N】项	【N/A】项	备注
数量							
百分比							

其中，【Y】表示测试结果全部通过，【P】表示测试结果部分通过，【N】表示测试结果绝大多数没通过，【N/A】表示无法测试或测试用例不适合。

另外，根据表 7-3，可以按照下列两个公式分别计算测试完成率和覆盖率，作为测试总结报告的重要数据指标。

测试完成率＝实际测试项数量/计划测试项数量×100%

测试覆盖率＝【Y】项的数量/计划测试项数量×100%

2. 测试问题表和问题统计表

测试问题表如表 7-4 所示，问题统计表如表 7-5 所示。

表 7-4　测试问题表

问题号	
问题描述	
问题级别	
问题分析与策略	
避免措施	
备注	

表 7-5　问题统计表

	严重问题	一般问题	微小问题	其他统计项	问题合计
数量					
百分比					—

在表 7-4 中，问题号是测试过程所发现的软件缺陷的唯一标号，问题描述是对问题的简要介绍，问题级别在表 7-5 中有具体分类，问题分析与策略是对问题的影响程度和应对的策略进行描述，避免措施是提出问题的预防措施。

从表 7-5 得出，问题级别基本可分为严重问题、一般问题和微小问题。根据测试结果的具体情况，级别的划分可以有所更改。例如，若发现极其严重的软件缺陷，可以在严重问题级别的基础上，加入特殊严重问题级别。

3. 测试进度表

测试进度表如表 7-6 所示，用来描述关于测试时间、测试进度的问题。根据此表，可以对测试计划中的时间安排和实际的执行时间状况进行比较，从而得到测试的整体进度情况。

表 7-6　问题统计表

测试项目	计划起始时间	计划结束时间	实际起始时间	实际结束时间	进度描述

4. 测试总结表

测试总结表包括测试工作的人员参与情况和测试环境的搭建模式，并且对软件产品的质量状况做出评价，对测试工作进行总结。测试总结表模板如表 7-7 所示。

表 7-7　测试总结表

项目编号		项目名称	
项目开发经理		项目测试经理	
测试人员			

测试环境（软件、硬件）	

软件总体描述：

测试工作总结：

小　结

精心设计的测试计划是软件测试成功与否的关键，在软件测试过程中要因情况变化而随时更改测试计划。

完善的测试文档记录了整个测试活动过程，能够为测试工作提供有力的文档支持，对各个测试阶段都有着非常明显的指导作用和评价作用。测试文档主要分为测试计划类和测试分析报告类。

习　题

1．简述测试计划的定义。

2．概括测试文档的含义。

3．简述测试计划的制定原则。

4．简述测试文档的内容。

5．简述软件生命周期各阶段的测试任务与可交付的文档。

6．举例说明测试用例的设计方法。

7．选择一个小型应用系统，为其做出系统测试的计划书、设计测试用例并写出测试总结报告。

第 8 章　软件自动化测试

本章概述

本章主要讲述了什么是软件自动化测试，并介绍了它的发展历史，着重讲述引入软件自动化测试的必然性、引入时机、引入条件、自动化测试的方法及常用的自动化测试工具。

8.1　软件自动化测试概述

计算机科学发展至今，最根本的意义是解决人类手工劳动的复杂性，成为替代人类某些重复性行为模式的最佳工具。而在计算机软件工程领域，软件测试的工作量很大，一般测试会占用到 40%的开发时间；一些可靠性要求非常高的软件测试工作量巨大，测试时间甚至占到 60%开发时间。而且测试中的许多操作是重复性的、非智力性的和非创造性的，并要求做准确细致的工作，计算机就最适合于代替人工去完成这样的任务。因而进行自动化测试能够提高软件测试工作效率，提高开发软件的质量，降低开发成本和缩短开发周期。

软件自动化测试是相对手工测试而存在的，主要是通过所开发的软件测试工具、脚本等来实现，具有良好的可操作性、可重复性和高效率等特点，已经成为国内软件工程领域一个重要领域。不言而喻，软件测试从业者都意识到软件测试这项工作走向成熟化、标准化的一个必经之路就是要实施自动化测试。

8.1.1　自动化测试定义及发展简史

软件自动化测试就是使用自动化测试工具或手段，按照测试工程师的预定计划进行自动的测试，来验证各种软件测试的需求，它包括测试活动的管理与实施。目的是减轻手工测试的工作量，提高软件的质量。软件的自动化测试在过去一段时间中有长足的进步。每一代技术都解决了很多重要问题。

第一代的自动化测试大概在 20 世纪 90 年代初期，透过硬件的方式录制键盘的输入并播放，但缺少检查点（checkpoint）的功能，由工具录制并记录操作的过程和数据形成脚本，通过回放来重复人工操作的过程。在这种模式下，数据和脚本混在一起，几乎一个测试用例对应一个脚本，维护成本很高。而且即使界面的简单变化也需要重新录制，脚本可重复使用的效率低，而且测试脚本很难维护。

第二代的自动化测试则大约在 20 世纪 90 年代中后期开始的，这时已经由硬件转变成透过软件录制/播放（capture/playback）的方式产生测试脚本（script），并且也增加了检查点的功能，从数据文件读取输入数据，通过变量的参数化，将测试数据传入测试脚本，不同的数据文件对应不同的测试用例。在这种模式下，数据和脚本分离，脚本的利用率、可维护性大大提高，但受界面变化的影响仍然很大。比较大的问题是测试脚本也是一种程序语言，所以测试人员也需要懂程序语言，换句话说就是要会写程序。而且当软件有变动时，测试脚本也需要同步更新，这对测试人员来说是一大挑战，测试人员常常就是整个测试脚本再重新录制一遍。

第三代关键字驱动（keyword driven）的自动化测试，开始于 2001 年。主要是把测试脚本给抽象化（abstraction），让那些即使不懂测试脚本，不会写程序的非技术人员，也可以使用自动化测试工具建立自动化测试个案。关键字驱动测试是数据驱动测试的一种改进类型，它将测试逻辑按照关键字进行分解，形成数据文件，关键字对应封装的业务逻辑。主要关键字包括三类：被操作对象（Item）、操作（Operation）和值（value），用面向对象形式可将其表现为 Item.Operation(Value)。关键字驱动的主要思想是：脚本与数据分离、界面元素名与测试内部对象名分离、测试描述与具体实现细节分离。

第四代称为专注于业务需求的自动化测试（Mercury Business Process Testing）。弥补第三代自动化测试工具的不足，从测试脚本的设计、自动化、维护及文件存档都做一个全面且根本的进化，测试用例的设计被从测试工具中分离了出来，并且需要一个具有工具技能和开发技能的测试团队，使专业的测试自动化将技能的使用最优化的结合起来。

8.1.2　软件测试自动化的必然性

1. 手工测试有它的局限性

通过手工测试无法做到覆盖所有代码路径，简单的功能性测试用例在每一轮测试中都不能少，而且具有一定的机械性、重复性，工作量往往较大。许多与时序、死锁、资源冲突、多线程等有关的错误，通过手工测试很难捕捉到。进行系统负载性能测试时、需要模拟大量数据或大量并发用户等各种应用场合时，很难通过手工测试来进行。进行系统可靠性测试时，需要模拟系统运行 10 年，几十年，以验证系统能否稳定运行，这也是手工测试无法模拟的。

软件测试繁多、沉闷、耗时，对于产品型软件或需求不断更新的系统，每一版产品发布或系统更新的周期就只有短短的几个月，这就意味着开发周期也只有短短的数月，而在测试期间是每天或每几天要发布一个版本供测试人员测试，一个系统的功能点少则上百，多则上千上万，使用手工测试是非常耗时和繁琐的，这样频繁的重复劳动必然会导致测试人员产生厌倦心理，工作效率低下。

2. 自动测试的优势

（1）适合做新版本执行回归测试

对于产品型的软件，每发布一个新的版本，其中大部分功能和界面都和上一个版本相似或完全相同，这部分功能特别适合于自动化测试，从而可以让测试达到测试每个特征的目的。

（2）具有一致性和可重复性

由于每次自动化测试运行的脚本是相同的，所以每次执行的测试具有一致性，而这一点手工测试是很难做到的。由于自动化测试的一致性，很容易发现被测软件的任何改变。

（3）更好的利用资源

理想的自动化测试能够按计划完全自动地运行，测试人员可以设置自动化测试程序，在周末和晚上执行测试。白天上班的时候，测试人员就可以收集测试所发现的缺陷，并交给开发人员修改，同时测试人员可以在白天开发新增功能的自动化测试脚本，或对已有的脚本不适合的地方进行修改。这样充分利用了公司的资源，也避免了开发和测试之间的等待。

（4）解决测试与开发之间的矛盾

通常在开发的末期，进入集成测试阶段，由于每发布一个版本的初期，测试系统的错误比较少，这时开发人员有等待测试人员测试出错误的时间。事实上，在叠代周期很短的开发模式中存在更多的矛盾，但自动化测试可以解决其中的主要矛盾。

（5）弥补手工测试难实现的不足

压力测试、并发测试、大数据量测试、崩溃性测试等，都需要成百上千的用户同时对系统加压才能实现其效果，用人来测试是不可能达到的，也是不现实的。在没有引入自动化测试工具之前，为了测试并发，组织几十号人在测试经理的口令下，同时按下同一个按钮，但如果需要更大的并发量，就很难实现了。

自动化测试较手工测试具有很多优点，它可以缩短软件开发测试周期，可以让产品更快投放市场；测试效率高，充分利用硬件资源；节省人力资源，降低测试成本；增强测试的稳定性和可靠性；提高软件测试的准确度和精确度，增加软件信任度。自动化软件测试工具使测试工作相对比较容易，但能产生更高质量的测试结果。手工不能做的事情，自动化测试能做，如负载、性能测试。软件测试实行自动化进程，绝不是因为厌烦了重复的测试工作，而是因为测试工作的需要，更准确地说是回归测试和系统测试的需要。

在过去的数年中，通过使用自动化的测试工具对软件的质量进行保障的例子已经数不胜数。到现在为止，自动化测试工具已经足够完善了，完全可以通过在软件的测试中应用自动化的测试工具来大幅度地提高软件测试的效率和质量。在使用自动化的测试工具的时候，应该尽早开始测试的工作，这样可以使修改错误更加容易和廉价，并且可以减少更正错误对软件开发周期的影响。通过表 8-1 我们可以看出，自动化测试与传统的手工测试在所有的方面都有很大的不同，尤其是在执行测试和产生测试报告的方面。这个测试案例中包括 1750 个测试用例和 700 多个错误。

表 8-1　手工测试与自动化测试的比较

测试步骤	手工测试	自动化测试	通过使用工具的改善测试的百分比	测试步骤
测试计划的开发	32	40	-25%	测试计划的开发
测试用例的开发	262	117	55%	测试用例的开发
测试执行	466	23	95%	测试执行
测试结果分析	117	58	50%	测试结果分析
错误状态/更正检测	117	23	80%	错误状态/更正检测
产生报告	96	16	83%	产生报告
时间总和	1090	277	75%	时间总和

目前软件开发过程中，迭代式的开发过程已经显示了比瀑布式开发的更大好处，并已逐渐取代传统的瀑布式开发，成为了目前最流行的软件开发过程。迭代开发强调在较短的时间间隔中产生多个可执行、可测试的软件版本，这就意味着测试人员也必须为每个迭代产生的软件系统进行测试。测试工作的周期被缩短了，测试的频率被增加了。在这种情况下，传统的手工测试已经严重满足不了软件开发的需求。当第一个可测试的版本产生后，测试人员开始对这个版本的系统进行测试，很快第二个版本在第一个版本的技术上产生了，测试人员需要在第二次测试时重复上次的测试工作，还要对新增加的功能进行测试，每经过一个迭代测试，工作量会逐步累加。随着软件开发过程的进行，测试工作变得越来越繁重，如果使用手工测试的方法，

将很难保证测试工作的进度和质量。在这种情况下，应用良好的自动测试工具势在必行。通过使用自动化测试工具，测试人员只要根据测试需求完成测试过程中所需的行为，自动化测试工具将自动生成测试脚本，通过对测试脚本的简单修改便可以用于以后相同功能的测试了，而不必手工的重复已经测试过的功能部分。

其次，在很多项目中，测试人员的所有任务实际上都是手动处理的，而实际上，有很大一部分重复性强的测试工作，是可以独立开来自动实现的。

最后，测试人员通常很难花费大量时间来学习新技能，这是目前国内测试从业者的现状，太多的企业为了节约成本而让刚刚走出校门的毕业生作为测试工程师，他们每日做着繁忙的重复工作，却无法深入学习测试技能。而软件测试自动化将改变这种局面，也是未来测试工程师或即将成为测试工程一项强有力的工作技能。可以说，实施测试自动化是软件行业一个不可逆转的趋势，如果这个领域走在了前列，无论从企业的核心竞争力还是个人的工作技能来说，都有巨大的优越性，而国内众多的软件厂商也的确纷纷着手开展这项工作。

8.1.3 软件测试自动化的引入时机

自动化测试之所以能在很多大公司实施起来，就是因为它适合自动化测试的特点和高的投资回报率。清晰、合理的判断哪些测试可以采用自动化，是提高测试效率和质量的关键。

1. 产品型项目

产品型的项目，每个项目只改进少量的功能，但每个项目必须反反复复地测试那些没有改动过的功能。这部分测试完全可以让自动化测试来承担，同时可以把新加入的功能的测试也慢慢地加入到自动化测试当中。

2. 增量式开发、持续集成项目

由于这种开发模式是频繁地发布新版本进行测试，也就需要频繁的自动化测试，以便把人从中解脱出来去测试新的功能。

3. 能够自动编译、自动发布的系统

要能够完全实现自动化测试，必须具有能够自动化编译、自动化发布系统进行测试的功能。当然，不能达到这个要求也可以在手工干预的情况下进行自动化测试。

4. 回归测试

回归测试是自动化测试的强项，它能够很好地验证你是否引入了新的缺陷，老的缺陷是否修改过来了。在某种程度上，可以把自动化测试工具叫做回归测试工具。

5. 多次重复、机械性动作，将烦琐的任务转化为自动化测试

自动化测试最适用于多次重复、机械性动作，这样的测试对它来说从不会失败。比如要向系统输入大量的相似数据来测试压力和报表。

6. 需要频繁运行测试

在一个项目中需要频繁地运行测试，测试周期按日算，就能最大限度地利用测试脚本，提高工作效率。

7. 能够充分利用休息时间

测试的执行与控制，包括单机运行和网络多机分布式的运行、在节假日的运行、测试个案调用控制、测试对象、测试范围与测试版本的控制等。

在进行自动化测试前，首先要建立一个对软件测试自动化的认识观。软件测试工具能提

高测试效率、覆盖率和可靠性等，自动化测试虽然具有很多优点，但它只是测试工作的一部分，是对手工测试的一种补充。自动化测试绝不能代替手工测试，它们各有各自的特点,其测试对象和测试范围都不一样：在系统功能逻辑测试,验收测试, 适用性测试，涉及物理交互性测试时，多采用黑盒测试的手工测试方法单元测试, 集成测试, 系统负载测试, 性能测试,稳定性测试,可靠性测试等比较适合采用自动化测试。那种不稳定软件的测试，开发周期很短的软件，一次性的软件等不适合自动化测试。工具本身并没有想象力和灵活性，根据报道，自动化测试只能发现 15%的缺陷，而手工测试可以发现 85%的缺陷。自动化测试工具在进行功能测试时，其准确的含义是回归测试工具，这时工具不能发现更多的新问题，但可以保证对已经测试过部分的准确性和客观性。多数情况下，手工测试和自动化测试应该相结合,以最有效的方法来完成测试任务。

8.1.4 国内软件自动化测试实施现状分析

当前国内软件企业实施或有意向实施测试自动化时面临的主要问题有如下几点：

（1）认为自动化测试是个遥不可及的事情，很多小公司人员、资金、资源都不足，不必实施。热血沸腾地实施测试自动化，购买了工具，推行了新的测试流程；但是时间不长，测试流程又回到原来的模式。

（2）公司实施了自动化测试；然而开发与测试之间，甚至与项目经理之间矛盾重重，出了事情不知如何追究责任；虽然还在勉强维持的自动化测试,但实施的成本比手工测试增加了，工作量比从前更大了，从而造成项目团队人员对自动化测试的怀疑

（3）自动化测试实施相对比较成功，但或多或少还有些问题，比如工具选择不准确、培训不到位、文档不完备、人员分配不合理、脚本可维护度不高等，造成一种表面上的自动化测试流程，是一幅空架子。

产生这些问题主要是因为，目前国内的软件公司很多还是处于获取资本的原始积累阶段，我们不能说公司完全不重视测试，而是测试整体行业都没有被重视起来。公司高层有更需要重视的环节，例如寻找客户签订单，或者开发，这些是直接关系公司存亡的命脉。更意识不到软件测试自动化的重要性；所谓凡事预则立，不预则废。一个软件企业实施测试自动化，绝对不是一蹴而就的，它不仅涉及测试工作本身流程上、组织结构上的调整与改进，甚至也包括需求、设计、开发、维护及配置管理等其他方面的配合。软件开发是团队工作，在这一领域要尤其注重以人为本；所以人员之间的配合、测试组织结构的设置非常重要，每个角色一定要将自己的责任完全担负起来，这也是减少和解决上述团队矛盾的必要手段。这对开展自动化测试的监督和评估相当重要，也包括对工作产品的检查和人员的考核。一定要将自动化测试全面深入地贯彻到测试工作中，不能敷衍了事，不能做表面工作。

8.1.5 软件测试自动化的引入条件

1. 对软件测试自动化的正确认识

自动化测试能大大降低手工测试工作，但决不能完全取代手工测试。完全的自动化测试只是一个理论上的目标，实际上想要达到 100%的自动化测试，不仅代价相当昂贵，而且操作上也几乎不可能实现。一般来说，一个 40%～60%的利用自动化的程度已经是非常好的了，达到这个级别以上将过大地增加测试相关的维护成本。

测试自动化的引入有一定的标准，要经过综合的评估，绝对不能理解成是测试工具简单的录制与回放过程。

（1）自动化测试能提高测试效率，快速定位测试软件各版本中的功能与性能缺陷，但不会创造性地发现测试脚本里没有设计的缺陷。测试工具不是人脑，要求测试设计者将测试中各种分支路径的校验点进行定制；没有定制完整，即便是出错的地方，测试工具也不会发觉。因此，制订全面、系统的测试设计工作是相当重要的。

（2）自动化测试能提高测试效率，但对于周期短、时间紧迫的项目不宜采用自动化测试。推行自动化测试的前期工作相当庞大，将企业级自动化测试框架应用到一个项目中也要评估其合适性，因此决不能盲目地应用到任何一个测试项目中，尤其不适合周期短的项目，因为很可能由于需要大量的测试框架的准备和实施而被拖垮。

（3）实施测试自动化必须进行多方面的培训，包括测试流程、缺陷管理、人员安排、测试工具使用等。如果测试过程是不合理的，引入自动化测试只会给软件组织或者项目团队带来更大的混乱；如果我们允许组织或者项目团队在没有关于应该如何做的任何知识的情况下实施自动化测试，那肯定会以失败告终。

2.　对企业自身现状的评估分析

（1）企业规模

企业规模没有严格限制。无论公司大小，都需要提高测试效率，希望测试工作标准化、测试流程正规化、测试代码重用化。所以第一要做到的就是企业负责人开始，直到测试部门的任何一个普通工程师，都要树立实施自动化测试的坚定决心，不能抱着试试看的态度。一般来说，一个软件开发团队应该符合如下条件则可以优先开展自动化测试工作：测试、开发人员比例要合适，例如 1:1 到 2:3；开发团队总人数不少于 10 个。当然，如果只有三五个测试人员，要实施自动化测试绝非易事；但可以先让一个、两个测试带头人首先试着开展这个工作，不断总结、不断提高，并和层层上司经常汇报工作的开展情况，再最终决定是否全面推行此事。

（2）产品特征

一般开发产品的公司实施自动化测试要比开发项目的公司要优越些。原因很简单，就是测试维护成本和风险都小。产品软件开发周期长，需求相对稳定，测试人员可以有比较充裕的时间去设计测试方案和开发测试脚本；而项目软件面向单客户，需求难以一次性统一，变更频繁，对开发、维护测试脚本危害很大，出现问题时一般都以开发代码为主，很难照顾到测试代码。但不是说做项目软件的公司不能实施自动化测试，当前国内做项目的软件公司居多。只要软件的开发流程、测试流程、缺陷管理流程规范了，推行自动化测试自然水到渠成。

（3）软件自动化测试切入方式的风险

正如前面所言，一定要记住将自动化测试与手工测试结合起来使用，不合理的规划会造成工作事倍功半。首先，对于自动化测试率的目标是：10% 的自动化测试和 90% 的手工测试。当这些目标都实现了，可以将自动化测试的使用率提高。对于何种测试情况下引入自动化测试，何时依然采用手工测试，我们分开阐述。

第一，符合自动化测试的条件：
- 具有良好定义的测试策略和测试计划；
- 对于自动化测试，拥有一个能够被识别的测试框架和候选者；
- 能够确保多个测试运行的构建策略；

- 多平台环境需要被测试；
- 拥有运行测试的硬件；
- 拥有关注在自动化过程上的资源；
- 被测试系统是可自动化测试的。

第二，宜采用手工测试的条件：

- 没有标准的测试过程；
- 没有一个测试什么、什么时候测试的清晰的蓝图；
- 在一个项目中是一个新人，并且还不是完全理解方案的功能性和或者设计；
- 你或者整个项目在时间的压力下；
- 在团队中没有资源或者具有自动化测试技能的人；
- 没有自动测试所需要的硬件。

（4）企业软件的开发语言风险

当前业界流行的测试工具有几十种，相同功能的测试工具所支持的环境和语言各不相同。还要做时间估算，在评估完前面几项指标后，需要估算实施测试自动化的时间周期，以防止浪费不必要的时间，减少在人员、资金、资源投入上的无端消耗。虽然到测试自动化步入正轨以后，会起到事半功倍的效果，但前期的投入巨大，要全面考虑各种因素，明确实施计划并按计划严格执行，才能最大限度降低风险。

（5）工作流程变更风险

测试团队乃至整个开发组织实施测试自动化，或多或少会因为适应测试工具的工作流程，带来团队的测试流程、开发流程的相应变更，而且，如果变更不善，会引起团队成员的诸多抱怨情绪；所以应该尽量减少这种变更，并克服变更中可能存在的困难。

（6）人员培训与变更风险

简单而言，就是测试团队人员的培训具有风险性，例如每个角色的定位是否准确，各角色人员对培训技能的掌握程度是否满意，尤其实施途中如果发生人员变更等风险，都要事先做出预测和相应的处理方案。

一个企业或软件团队实施测试自动化，会有来自方方面面的压力和风险，但是凭借团队成员的聪明才智和公司高层的大力支持，事先做好评估，做好风险预测，如果团队成功引入了测试自动化，即可享受它带来的超凡价值和无穷魅力：使测试工作变得更简单、更有效。

8.2　自动化测试的策略与运用

软件复杂性增加、开发周期缩短使我们有必要加强对自动测试策略的重视，并且寻找出提高效率减少成本的方法。在设计新一代自动化测试系统时，加入可以增加系统灵活性、提供更高测量和吞吐量性能、降低测试系统成本且延长寿命的策略。

8.2.1　自动化测试策略

1．工作周期及阶段确定

组长初步确定工作周期，并定义自动化测试的阶段，例如需求分析/设计阶段、开发实现阶段、运行阶段，而运行阶段中要根据所属系统所处软件生命周期的不同阶段，来定义自动化测试的运行周期，例如当前处于所属系统的运营维护阶段（上线之后），其每 3 个月进行一次新版本的发布，则自动化测试亦为每三个月执行一次。或其每周进行一次 Build 的发布，则自动化测试亦为每周执行一次。

2. 分析自动化测试风险

根据所属系统的开发平台、界面特性、测试环境搭建维护的难易程度、测试工具的适用性等方面的分析结果进行自动化测试风险的分析。主要从战略层面进行风险的分析，不要分析某个具体的自定义控件的可测试性。

3. 手工测试现状复审

依据手工测试现状分析报告中提供的已有业务测试过程进行业务需求覆盖度的分析，判断已有业务测试过程是否完整，若不完整则需要向测试管理部提出反馈：被测系统的手工测试现状尚不符合自动化测试的需求，请求是否延期并委托手工测试方完善业务测试过程。

4. 测试方法及工具确定

根据所属系统的特点和当前自动化测试组织的实施能力，确定自动化测试的方法，例如业务驱动方法、关键字驱动方法、数据驱动方法；另外要结合现有的软件自动化测试专用工具，判断采用何种自动化测试管理工具搭建自动化测试的管理平台、运行平台，或者是新开发一种框架来实现自动化测试。

5. 编写文档

自动化测试分析师编制《自动化测试工作策略》。

6. 内部评审

组长组织自动化测试工作小组的内部评审。

7. 外部评审

组长向自动化测试管理组的计划控制经理提出评审申请，计划控制经理组织自动化测试管理组的外部评审，评审《自动化测试策略》，需要项目组、自动化测试小组和质量控制经理共同参与评审。组长将评审通过的《自动化测试策略》纳入配置管理库。

8.2.2 自动测试的运用步骤

1. 改进软件测试过程

在开始测试自动化之前，要完善测试计划和过程，并且确保已经采用了确定的测试方法，指明测试中需要什么样的数据，并给出设计数据的完整方法。确认可以提供上面提到的文档后，需要明确测试设计的细节描述，还应该描述测试的预期结果，这些通常被忽略，建议测试人员知道。太多的测试人员没有意识到他们缺少什么，并且由于害怕尴尬而不敢去求助。这样一份详细的文档给测试小组带来立竿见影的效果，因为，现在具有基本产品知识的人根据文档可以开展测试执行工作了。在开始更为完全意义上的测试自动化之前，必须已经完成了测试设计文档。测试设计是测试自动化最主要的测试需求说明。不过，这时候千万不要走极端去过分细致地说明测试执行的每一个步骤，只要确保那些有软件基本操作常识的人员可以根据文档完成测试执行工作即可。但是，不要假定他们理解那些存留在你头脑中的软件测试执行的想法，把这些测试设计的思路描述清楚就可以了。

另外一个提高测试效率的简单方法是采用更多的计算机。很多测试人员动辄动用几台计算机，这一点显而易见。之所以强调采用更多的计算机，是因为一些测试人员被误导在单机上努力地完成某些大容量的自动化测试执行工作，这种情况下由于错误地使用了测试设备、测试环境，导致测试没有效果。因此，自动化测试需要集中考虑所需要的支撑设备。

针对改进软件测试过程，最后一个建议是改进被测试的产品，使它更容易被测试，有很多改进措施既可以帮助用户更好地使用产品，也可以帮助测试人员更好地测试产品。一些产品非常难安装，测试人员在安装和卸载软件上要花费大量的时间。这种情况下，与其实现产品安装的自动化测试，还不如改进产品的安装功能。采用这种解决办法，最终的用户会受益的。另外一个处理方法是考虑开发一套自动安装程序，该程序可以和产品一同发布。事实上，现在有很多专门制作安装程序的商用工具。

改进产品的性能对测试是大有帮助的。如果产品的性能影响了测试速度，则需鉴别出性能比较差的产品功能，并度量该产品功能的性能，把它作为影响测试进度的缺陷，提交缺陷报告。

上面所述的几个方面可以在无须构建自动化测试系统的情况下，大幅度的提高测试效率。改进软件测试过程中花费的构建自动化测试系统的时间，不过改进测试过程无疑可以使你的自动化测试项目更为顺利开展起来。

2. 定义需求

在实际的测试中，自动化工程师和自动化测试的发起者的目标往往存在偏差。为了避免这种情况，需要在自动化测试需求上保持一致。应该有一份自动化测试需求，用来描述需要测试什么。测试需求应该在测试设计阶段详细描述出来，自动化测试需求描述了自动化测试的目标。

开发管理、测试管理和测试人员实现自动化测试的目标常常是有差别的。除非三者之间达成一致，否则很难定义什么是成功的自动化测试。当然，不同的情况下，有的自动化测试目标比较容易达到，有的则比较难以达到。测试自动化往往对测试人员的技术水平要求很高，测试人员必须能理解充分的理解自动化测试，从而通过自动化测试不断发现软件的缺陷。不过，自动化测试不利于测试人员不断的积累测试经验。不管怎么样，在开始自动化测试之前应该确定自动化测试成功的标准。

手工测试人员在测试执行过程中的一些操作能够发现不引人注意的问题。他们计划并获取必要的测试资源，建立测试环境，执行测试用例。测试过程中，如果有什么异常的情况发生，手工测试人员立刻可以关注到。他们对比实际测试结果和预期测试结果，记录测试结果，复位被测试的软件系统，准备下一个软件测试用例的环境。他们分析各种测试用例执行失败的情况，研究测试过程可疑的现象，寻找测试用例执行失败的过程，设计并执行其他的测试用例，帮助其定位软件缺陷。接下来，他们写作缺陷报告单，保证缺陷被修改，并且总结所有的缺陷报告单，以便其他人能够了解测试的执行情况。

千万不要强行在测试的每个部分都采用自动化方式。寻找能够带来最大回报的部分，部分地采用自动化测试是最好的方法。或许你可能发现采用自动化执行和手动确认测试执行结果的方式是个很好的选择，或许你可以采用自动化确认测试结果和手工测试执行相结合和方式。并不是说各个环节都采用自动化方式才是真正意义上的自动化测试。

定义自动化测试项目的需求要求我们全面、清楚地考虑各种情况，然后给出权衡后的需求，并且可以使测试相关人员更加合理地提出自己对自动化测试的期望。通过定义自动化测试需求，距离成功的自动化测试便近了一步。

3. 验证概念

在测试开始前，必须验证自动化测试项目的可行性。验证过程花费的时间往往比人们预期的要长，并且需要来自你身边的各种人的帮助。要尽快验证你采用的测试工具和测试方法的可行性，站在产品的角度验证你所测试的产品采用自动化测试的可行性。这通常是很困难的，需要尽快地找出可行性问题的答案，确定你的测试工具和测试方法对于被测试的产品和测试人员是否合适。你需要做的是验证概念：一个快速、有说服力的测试方案可以证明你选择测试工具和测试方法的正确性，从而验证了你的测试概念。你选择的用来验证概念的测试方案是评估测试工具的最好的方式。

下面是一些候选的验证概念的试验：

（1）回归测试：回归测试是最宜采用自动化测试的环节。

（2）配置测试：在所有支持的平台上测试执行所有的测试用例。

（3）测试环境建立：对于大量不同的测试用例，可能需要相同的测试环境搭建过程。在开展自动化测试执行之前，先将测试环境搭建实现自动化。

（4）非 GUI 测试：实现命令行和 API 的测试自动化比 GUI 自动化测试容易得多。

无论采用什么测试方法，都要定义一个看得见的目标，然后集中在这个目标上。验证你自动化测试概念可以使自动化更进一步迈向成功之路。

4. 支持产品的可测试性

软件产品一般会用到下面三种不同类别的接口：命令行接口（Command Line Interfaces，CLIs）、应用程序接口（API）、图形用户接口（GUI）。有些产品会用到所有三类接口，有些产品只用到一类或者两类接口，这些是测试中所需要的接口。从本质上看，API 接口和命令行接口比 GUI 接口容易实现自动化，去找一找你的被测产品是否包括 API 接口或者命令行接口。有些时候，这两类接口隐藏在产品的内部，如果确实没有，需要鼓励开发人员在产品中提供命令行接口或者 API 接口，从而支持产品的可测试性。

以下因素导致 GUI 自动化测试比预期的要困难：

（1）需要手工完成部分脚本。绝大多数自动化测试工具都有"录制回放"或者"捕捉回放"功能。可以手工执行测试用例，测试工具在后台记住所有操作，然后产生可以用来重复执行的测试用例脚本。但是有很多问题导致"录制回放"不能应用到整个测试执行过程中。结果，GUI 测试还是主要由手工完成。

（2）把 GUI 自动化测试工具和被测试的产品有机地结合在一起，需要面临技术上的挑战。经常要采用众多专家意见和最新的 GUI 接口技术，才能使 GUI 测试工具正常工作。这个困难也是 GUI 自动化测试工具价格昂贵的主要原因之一。非标准的、定制的控件会增加测试的困难，但可以采用修改产品源代码的方式，也可以从测试工具供应商处升级测试工具。另外，还需要分析测试工具中的 BUG，并且给工具打补丁。也可能测试工具需要做相当的定制，以便能有效地测试产品界面上的定制控件。GUI 测试中，困难有时还意外出现，可能需要重新设计测试以规避那些存在问题的界面控件。

（3）GUI 设计方案的变动会直接带来 GUI 自动化测试复杂度的提高。在开发的整个过程中，图形界面经常被修改或者完全重设计。一般来讲，第一个版本的图形界面都不是很理想。如果处在图形界面方案不停变动的时期就开展 GUI 自动化测试，是不会有任何进展的，只能花费大量的时间修改测试脚本，以适应图形界面的变更。不管怎样，即便界面的修改会导致测试修改脚本，也不应该反对开发人员改进图形界面。一旦原始的设计完成后，图形界面接口下面的编程接口就固定下来了。

上面提到的这些原因都是基于采用 GUI 自动化测试的方法完成产品的功能测试。图形界面接口当然需要测试，可以考虑实现 GUI 测试自动化。不过，也应该考虑采用其他方法测试产品的核心功能，并且这些测试不会因为图形界面发生变化而被中断，这类测试应该采用命令行接口或者 API 接口。

为了让 API 接口测试更为容易，应该把接口与某种解释程序，例如 Tcl、Perl 或者 Python 绑定在一起。这使交互式测试成为可能，并且可以缩短自动化测试的开发周期。采用 API 接口的方式，还可以实现独立的产品模块的单元测试自动化。

一个关于隐藏可编程接口的例子是 InstallShield——非常流行的制作安装盘的工具。InstallShield 有命令行选项，采用这种选项可以实现非 GUI 方式的安装盘，采用这种方式，可以从提前创建好的文件中读取安装选项。这种方式可能比采用 GUI 的安装方式更简、单更可靠。

另一个例子是关于如何避免基于 WEB 软件的 GUI 自动化测试。采用 GUI 测试工具可以通过浏览器操作 WEB 界面。WEB 浏览器是通过 HTTP 协议与 WEB 服务器交互的，所以直接测试 HTTP 协议更为简单。Perl 可以直接连接 TCP/IP 端口，完成这类自动化测试。采用高级接口技术，譬如客户端 Java 或者 ActiveX 不可能利用这种方法。但是，如果在合适的环境中采用这种方式，将发现这种方式的自动化测试比 GUI 自动化测试更加便宜，更加简单。

无论需要支持图形界面接口、命令行接口还是 API 接口，如果尽可能早地在产品设计阶段提出产品的可测试性设计需求，未来的测试工作很可能会成功。尽可能早地启动自动化测试项目，提出可测试性需求，是走向自动化测试的成功之路。

5. 具有可延续性的设计

自动化测试是一个长期的过程，为了与产品新版本的功能和其他相关修改保持一致，自动化测试需要不停地维护和扩充。自动化测试设计中考虑自动化在未来的可扩充性是很关键的，不过，自动化测试的完整性也是很重要的。如果自动化测试程序报告测试用例执行通过，测试人员应该相信得到的结果，测试执行的实际结果也应该是通过了。其实，有很多存在问题的测试用例表面上执行通过了，实际上却执行失败了，并且没有记录任何错误日志，这就是失败的自动化。这种失败的自动化会给整个项目带来灾难性的后果，而当测试人员构建的测试自动化采用了很糟糕的设计方案或者由于后来的修改引入了错误，都会导致这种失败的测试自动化。失败的自动化通常是由没有关注自动化测试的性能或者没有充分的自动化设计导致的。

性能：提高代码的性能往往增加了代码的复杂性，因此，会威胁到代码的可靠性。很少有人关心如何对自动化本身加以测试。通过我对测试方案性能的分析，很多测试方案都是花费大量的时间等候产品的运行。因此，在不提高产品运行性能的前提下，无法更有效地提高自动化测试执行效率。自动化工程师只是从计算机课程了解到应该关注软件的性能，而并没有实际的操作经验。如果测试方案的性能问题无法改变，那么应该考虑提高硬件的性能；测试方案中经常会出现冗余，也可以考虑取出测试方案中的冗余或者减少一个测试方案中完成的测试任务，都是可以的。

便于分析：测试自动化执行失败后，应该分析失败的结果。分析执行失败的自动化测试结果是件困难的事情，需要从多方面着手，测试上报的告警信息是真的还是假的？是不是因为测试方案中存在缺陷导致测试执行失败？是不是在搭建测试环境中出现了错误导致测试执行失败？是不是产品中确实存在缺陷导致测试执行失败？有几个方法可以帮助测试执行失败的结果分析，某些方法可以找到问题所在。通过在测试执行之前检查常见的测试环境搭建问题，从而提高测试方案的可靠性；通过改进错误输出报告，从而提高测试自动化的错误输出的可分析性；此外，还可以改进自动化测试框架中存在的问题。训练测试人员如何分析测试执行失败结果。甚至可以找到那些不可靠的、冗余的或者功能比较独立的测试，然后安全地将之删除。上面这些都是减少自动化测试误报告警、提高测试可分析性的积极有效的方法。有一种错误的测试结果分析方法，即采用测试结果后，处理程序对测试结果自动分析和过滤，尽管也可以采用这种测试结果分析方法，不过这种方法会使自动化测试系统复杂化，更重要的是，后处理程序中的 BUG 会严重损害自动化测试的完整性。综上所述，应该集中精力关注可以延续使用的测试方案。

6. 有计划的部署

如果自动化工程师没有提供打包后的自动化测试程序给测试执行人员，会影响到测试执行，测试执行人员不得不反过来求助自动化工程师，指出如何使用自动化测试程序。

作为自动化工程师，应该知道如何利用自动化方法执行测试，同时，也应该具备对执行失败原因的分析能力。不过，测试执行人员却未必知道如何使用自动化测试。因此，需要提供自动化测试程序的安装文档和使用文档，保证自动化测试程序容易安装和配置。当安装的环境与安装的要求不匹配，出现安装错误的时候，能够给出有价值的提示信息，便于定位安装问题。

保证其他测试人员能够随时利用已经提供的自动化测试程序和测试方案开展测试工作；保证自动化测试是符合一般测试执行人员的思维习惯的；保证测试执行人员能够理解测试结果，并能够正确分析失败的测试执行结果，这需要自动化工程师提供自动化测试相关的指导性文档和培训。

作为测试管理者，自动化工程师离开前，应能够识别并修改测试方案中的所有问题。如果你没有及时地把测试方案中的问题提出来，就会面临废弃已有测试方案的决定的情况。

良好的测试方案有多方面的用处：支持对产品新版本的测试；在新的软件平台上可以很方便的验证产品的功能；支持每天晚上开始的软件每日构造过程；甚至开发人员在代码 check in 之前，用良好的测试方案验证代码的正确性。

有计划的自动化测试部署，保证测试方案能够被产品相关人员获取到，就向成功的自动化测试又迈进了一步。

7. 开展自动化测试

到此，测试方案的相关工作还没有结束，为了提高测试覆盖率或者测试新的产品特性，需要增加更多的测试。如果已有的测试不能正常工作，那么需要对之修改；如果已有的测试是冗余的，那么需要删除这部分测试。

随着时间的推移，开发人员也要研究测试设计，改进产品的设计并且通过模拟测试过程对产品做初步测试，研究如何使产品在第一次就通过测试。但是自动化测试不是全能的，手工测试是永远无法完全替代的。

有些测试受测试环境的影响很大，往往需要采用人工方法获取测试结果，分析测试结果。因此，很难预先知道设计的测试用例有多大的重用性。自动化测试还需要考虑成本问题，因此，千万不要陷入一切测试都采用自动化方法的错误观念中。

在开展自动化测试的时候，一个问题摆在面前，测试自动化应该及时提供给测试执行人员，这个不成问题，但是如何保证需求变更后，能够及时提供更新后的自动化测试就是个大问题了。如果自动化测试与需求变更无法同步，那么自动化测试的效果就无法保证了，测试人员就不愿意花费时间学习如何使用新的测试工具和如何诊断测试工具上报的错误。识别项目计划中的软件发布日期，然后把这个日期作为里程碑，并计划达到这个里程碑。当达到这个里程碑后，自动化工程师要关注当前产品版本的发布，要为测试执行人员提供帮助和咨询，但是，一旦测试执行人员知道如何使用自动化测试，自动化测试工程师可以考虑下一个版本的测试自动化工作，包括改进测试工具和相关的库。当开发人员开始设计产品下一个版本中的新特性的时候，如果考虑了自动化测试需求，那么自动化测试师的设计工作就很好开展了，采用这种方法，自动化测试工程师可以保持与开发周期同步，而不是与测试周期同步。如果不采用这种方式，在产品版本升级的过程中，自动化测试无法得到进一步的改进。

8.2.3　测试工具的运用及作用

软件测试在整个软件开发过程中占据了将近一半的时间和资源。通过在测试过程中合理地引入软件测试工具，能够缩短软件开发时间，提高测试质量，从而更快、更好地为用户提供他们需要的软件产品。

随着对软件测试重视的提高，国内软件测试技术的发展也很快，逐渐从过去手工作坊式的测试向测试工程化的方向发展。要真正实现软件测试的工程化，其基础之一就是要有一大批支持软件测试工程化的工具。因此，软件测试工具对于实现软件测试的工程化来说至关重要。下面就从如何进一步提高软件测试质量和效率的角度出发，讨论测试工具在软件测试过程中的应用。

1．引入测试工具的优势

（1）提高工作效率

这是引入测试工具给测试带来的一个显著好处。那些固定的、重复性的工作，可以由测试工具来完成，这样就使得测试人员能有更多的时间来计划测试过程，设计测试用例，使测试进行得更加完善。

（2）保证测试的准确性

测试是需要投入大量的时间和精力的，人工进行测试时，经常会犯一些人为的错误，而工具的特点恰恰能保证测试的准确性，防止人为疏忽造成的错误。

（3）进行困难的测试工作

有一些测试工作，人工进行是很困难的。有的是因为进行起来较为复杂，有的是因为测试环境难以实现。测试工具可以执行一些通过手工难于执行或者是无法执行的测试。

2．测试工具的类别

目前基本上覆盖了各个测试阶段。按照工具所完成的任务，可以分为以下几大类：测试设计工具、静态分析工具、单元测试工具、功能测试工具、性能测试工具和测试过程管理工具。

下面，我们就针对每一类工具展开介绍。

（1）测试设计工具

测试设计工具，更完整的名称应该是测试用例设计工具，是一种帮助我们设计测试用例的软件工具。设计测试用例是一项智力性的活动，很多设计测试用例的原则、方法是固定的，比如等价类划分、边界值分析、因果图等，这些成型的方法很适合通过软件工具来实现。

测试用例设计工具按照生成测试用例时数据输入内容的不同，可以分为：基于程序代码的测试用例设计工具和基于需求说明的测试用例设计工具。下面分别对这两类工具进行介绍：

1）基于程序代码的测试用例设计工具是一种白盒工具，它读入程序代码文件，通过分析代码的内部结构，产生测试的输入数据。这种工具一般应用在单元测试中，针对的是函数、类这样的测试对象。由于这种工具与代码的联系很紧密，所以，一种工具只能针对某一种编程语言。

这类工具的局限性是只能产生测试的输入数据，而不能产生输入数据后的预期结果，这个局限也是由这类工具生成测试用例的机理所决定的。所以，基于程序代码的测试用例设计工具所生成的测试用例，还不能称之为真正意义上的测试用例。不过即使这样，这种工具仍然为我们设计单元测试的测试用例提供了很大便利。

2）基于需求说明的测试用例设计工具，依据软件的需求说明，生成基于功能需求的测试用例。这种工具所生成的测试用例既包括测试输入数据，也包括预期结果，是真正完整的测试用例。

使用这种测试用例设计工具生成测试用例时，需要人工事先将软件的功能需求转化为工具可以理解的文件格式，再以这个文件作为输入，通过工具生成测试用例。在使用这种测试用例设计工具来生成测试用例时，需求说明的质量是很重要的。

由于这种测试用例设计工具是基于功能需求的，所以可用来设计任何语言、任何平台的任何应用系统的测试用例。

我们来看一个这类工具的例子——SoftTest。在使用 SoftTest 生成测试用例时，先将软件功能需求转化为文本形式的因果图，然后让 SoftTest 读入，SoftTest 会根据因果图自动生成测试用例。在这个过程中，工具的使用者只需要完成由功能需求到因果图的转化，至于如何使用因果图来生成测试用例，则完全由 SoftTest 完成。

所有测试用例设计工具都依赖于生成测试用例的算法，工具比使用相同算法的测试人员设计的测试用例更彻底、更精确，这方面工具有优势。但人工设计测试用例时，可以考虑附加测试，可以对遗漏的需求进行补充，这些是工具无法做到的。所以，测试用例设计工具并不能完全代替测试工程师来设计测试用例。使用这些工具的同时，再人工地检查、补充一部分测试用例，会取得比较好的效果。

（2）静态分析工具

一提到软件测试，人们的第一印象就是填入数据、单击按钮等这些功能操作。这些测试工作确实是重要的，但它们不是软件测试的全部。与这种动态运行程序的测试相对应，还有一种测试被称为静态测试，也叫做静态分析。

进行静态分析时，不需要运行所测试的程序，而是通过检查程序代码，对程序的数据流和控制流信息进行分析，找出系统的缺陷，得出测试报告。

进行静态分析能切实提高软件的质量，但由于需要分析人员阅读程序代码，使得这项工作进行起来工作量又很大。对软件进行静态分析的测试工具在这种需求下也就产生了。现在的静态分析工具一般提供两个功能：分析软件的复杂性和检查代码的规范性。

软件质量标准化组织制定了一个 ISO/IEC9126 质量模型，用来量化地衡量一个软件产品的质量。该软件质量模型是一个分层结构，包括质量因素、质量标准、质量度量元三层。质量度量元处于质量模型分层结构中的最底层，它直接面向程序的代码，记录的是程序代码的特征信息，比如函数中包含的语句数量、代码中注释的数量。质量标准是一个概括性的信息，它比质量度量元高一级，一个质量标准由若干个质量度量元组成。质量因素由所有的质量标准共同组成，处于软件质量模型的最高层，是对软件产品的一个总体评价。具有分析软件复杂性功能的静态分析工具，除了在其内部包含上述的质量模型外，通常还会从其他的质量方法学中吸收一些元素，比如 Halstend 质量方法学、McCabe 质量方法学。这些静态分析工具允许用户调整质量模型中的一些数值，以更加符合实际情况的要求。

在用这类工具对软件产品进行分析时，以软件的代码文件作为输入，静态分析工具对代码进行分析，然后与用户定制的质量模型进行比较，根据实际情况与模型之间的差距，得出对软件产品的质量评价。

具有检查代码规范性功能的静态分析工具，其内部包含了得到公认的编码规范，比如函数、变量、对象的命名规范，函数语句数的限制等，工具支持对这些规范的设置。工具的使用者根据情况，裁减出适合自己的编码规范，然后通过工具对代码进行分析，定位代码中违反编码规范的地方。

以上就是静态分析工具所具有的功能。与人工进行静态分析的方式相比，通过使用静态分析工具，一方面能提高静态分析工作的效率，另一方面也能保证分析的全面性。

（3）单元测试工具

单元测试是软件测试过程中一个重要的测试阶段。与集成测试、确认测试相比，在编码完成后对程序进行有效的单元测试，能更直接、更有效地改善代码质量。

进行单元测试不是一件轻松的事。一般来讲，进行一个完整的单元测试所需的时间，与编码阶段所花费的时间相当。进行单元测试时，根据被测单元（可能是一个函数，或是一个类）的规格说明，设计测试用例，然后通过执行测试用例，验证被测单元的功能是否正常实现。除此之外，在单元测试阶段，我们还需要找出那些短时间不会马上表现出来的问题（比如 C 代码中的内存泄露），还需要查找代码中的性能瓶颈，并且为了验证单元测试的全面性，我们还需要了解单元测试结束后，测试所达到的覆盖率。

针对这些在单元测试阶段需要做的工作，各种用于单元测试的工具就产生了。典型的单元测试工具有以下几类：动态错误检测工具、性能分析工具、覆盖率统计工具。

1）动态错误检测工具

动态错误检测工具，用来检查代码中类似于内存泄露、数组访问越界这样的程序错误。程序功能上的错误比较容易发现，因为它们很容易表现出来。但类似于内存泄露这样的问题，因为在程序短时间运行时不会表现出来，所以不易被发现。有这样问题的单元被集成到系统后，会使系统表现的极不稳定。

2）性能分析工具

性能分析工具，记录被测程序的执行时间。小到一行代码、一个函数的运行时间，大到一个 exe 或 dll 文件的运行时间，性能分析工具都能清晰地记录下来。通过分析这些数据，能够帮助我们定位代码中的性能瓶颈。

3）覆盖率统计工具

覆盖率统计工具，统计出我们当前执行的测试用例对代码的覆盖率。覆盖率统计工具提供的信息，可以帮助我们根据代码的覆盖情况，进一步完善测试用例，使所有的代码都被测试到，保证单元测试的全面性。

动态错误检测工具、性能分析工具、覆盖率统计工具的运行机理是：用测试工具对被测程序进行编译、连接，生成可执行程序。在这个过程中，工具会向被测代码中插入检测代码。然后运行生成的可执行程序，执行测试用例，在程序运行的过程中，工具会在后台通过插入被测程序的检测代码收集程序中的动态错误、代码执行时间、覆盖率信息。在退出程序后，工具将收集到的各种数据显示出来，供我们分析。

目前普遍使用的单元测试工具中有 Compuware 公司的 NuMega DevPartner Studio，Rational 公司的 Rational Suite Enterprise。这些软件产品都是一个工具套件，其中包含了我们前面所讨论的动态错误检测工具、性能分析工具、覆盖率统计工具等。

（4）功能测试工具

在软件产品的各个测试阶段，如果通过测试发现了问题，开发人员就要对问题进行修正，修正后的软件版本需要再次进行测试，以验证问题是否得到解决，是否引发了新的问题，这个再次进行测试的过程，称为回归测试。

由于软件本身的特殊性，每次回归测试都要对软件进行全面的测试，以防止由于修改缺陷而引发新的缺陷。进行过回归测试的人都会深有体会，回归测试的工作量是很大的，而且也很乏味，因为要将上一轮执行过的测试原封不动地再执行一遍。设想一下，如果有一个机器人就像播放录影带一样，忠实地将上一轮执行过的测试原封不动地在软件新版本上重新执行一遍，那就太好了。这样做，一方面，能保证回归测试的完整、全面性，测试人员也能有更多的时间来设计新的测试用例，从而提高测试质量；另一方面，能缩短回归测试所需要的时间，缩短软件产品的面市时间。功能测试自动化工具就是一个能完成这项任务的软件测试工具。

功能测试自动化工具理论上可以应用在各个测试阶段，但大多数情况下是在确认测试阶段中使用。功能测试自动化工具的测试对象是那些拥有图形用户界面的应用程序。

一个成熟的功能测试自动化工具要包括以下几个基本功能：录制和回放、检验、可编程。

录制，就是记录下对软件的操作过程；回放，就是像播放电影一样重放录制的操作。启动功能测试自动化工具，打开录制功能，依照测试用例中的描述一步步地操作被测软件，功能测试自动化工具会以脚本语言的形式记录下操作的全过程。依照此方法，可以将所有的测试用例进行录制。在需要重新执行测试用例时，回放录制的脚本，功能测试自动化工具依照脚本中的内容，操作被测软件。除了速度非常快之外，通过功能测试自动化工具执行测试用例与人工执行测试用例的效果是完全一样的。

录制只是实现了测试输入的自动化。一个完整的测试用例，由输入和预期输出共同组成。所以，光是录制回放还不是真正的功能测试自动化。测试自动化工具中有一个检验功能，通过这个功能在测试脚本中设置检验点，使得功能测试自动化工具能够对操作结果的正确性进行检验，这样就实现了完整的测试用例执行自动化。软件界面上的一切界面元素都可以作为检验点来对其进行检验，比如文本、图片、各类控件的状态等。

脚本录制好了，也加入了检验点，一个完整的测试用例就被自动化了。但我们还想对脚本的执行过程进行更多的控制，比如依据执行情况进行判断，从而执行不同的路径，或者是对某一段脚本重复执行多次。通过对录制的脚本进行编程，可以实现上述的要求。现在的主流功能测试自动化工具都支持对脚本的编程。像传统的程序语言一样，在功能测试自动化工具录制的脚本中，可加入分支、循环、函数调用这样的控制语句。通过对脚本进行编程，能够使脚本更加灵活，功能更加强大，脚本的组织更富有逻辑性。在传统的编程语言中适用的那些编程思想，在组织测试自动化脚本时同样适用。

在测试过程中，使用功能测试自动化工具的大体过程如下：

● 准备录制：保证所有要自动化的测试用例已经设计完毕，并形成文档。

● 进行录制：打开功能测试自动化工具，启动录制功能，按测试用例中的输入描述，操作被测试应用程序。

● 编辑测试脚本：通过加入检测点、参数化测试，以及添加分支、循环等控制语句，来增强测试脚本的功能，使将来的回归测试真正能够自动化。

● 调试脚本：调试脚本，保证脚本的正确性。

● 在回归测试中运行测试：在回归测试中，通过功能测试自动化工具运行脚本，检验软件正确性，实现测试的自动化进行。

● 分析结果，报告问题：查看测试自动化工具记录的运行结果，记录问题，报告测试结果。

功能测试自动化工具是软件测试工具中非常活跃的一类工具，现在发展的已经较为成熟，如 Mercury Interactive 公司的 WinRunner 和 Rational 公司的 Robot，都是被广泛使用的功能测试自动化工具。

（5）性能测试工具

通过性能测试，检验软件的性能是否达到预期要求，是软件产品测试过程中的一项重要任务。性能测试用来衡量系统的响应时间、事务处理速度和其他时间敏感的需求，并能测试出与性能相关的工作负载和硬件配置条件。通常所说的压力测试和容量测试，也都属于性能测试的范畴，只是执行测试时的软、硬件环境和处理的数据量不同。

对系统经常进行的性能测试包括：系统能承受多少用户的并发操作；系统在网络较为拥挤的情况下能否继续工作；系统在内存、处理器等资源紧张的情况下是会否发生错误等。由于性能测试自身的特点，完全依靠人工执行测试具有一定的难度。比如，我们要检验一个基于 Web 的系统，在 1 万个用户并发访问的情况下，是否能正常工作。通过人工测试的方式很难模拟出这种环境，在这种情况下，就需要使用性能测试工具。

使用性能测试工具对软件系统的性能进行测试时，大体分为以下几个步骤：

首先，录制软件产品中要对其进行性能测试的功能部分的操作过程。这一步与前面我们讨论过的功能测试自动化工具中的那个录制过程很相似。功能录制结束后，会形成与操作相对应的测试脚本。

其次，根据具体的测试要求，对脚本进行修改，对脚本运行的过程进行设置，如设置并发的用户数量、网络的带宽，使脚本运行的环境与我们实际要模拟的测试环境一致。

最后，运行测试脚本。性能测试工具会在模拟的环境下执行我们所录制的操作，并实时为我们显示与被测软件系统相关的各项性能数据。

性能测试工具实际上是一种模拟软件运行环境的工具，它能帮助我们在实验室里搭建出我们需要的测试环境。现在，基于 Web 是软件系统发展的一个趋势，性能测试也就变得比以往更加重要了，性能测试工具也自然会在软件测试过程中被更多地使用。

（6）测试过程管理工具

软件测试贯穿于整个软件开发过程，按照工作进行的先后顺序，测试过程可分为制定计划、测试设计、测试执行、跟踪缺陷这几个阶段。在每个阶段都有一些数据需要保存，人员之间也需要进行交互。测试过程管理工具就是一种用于满足上述需求的软件工具，它管理整个测试过程，保存在测试不同阶段产生的文档、数据，协调技术人员之间的工作。

测试过程管理工具一般都会包括以下这些功能：管理软件需求、管理测试计划、管理测试用例、缺陷跟踪、测试过程中各类数据的统计和汇总。

市面上常用的测试管理工具有很多，基本上都是基于 Web 系统，这样更利于跨地区团队之间的协作。

3. 正确认识测试工具的作用

如果一个现在正在从事软件测试工作，但在测试过程中还没有使用过测试工具的人看到以上这些内容，可能会非常兴奋，因为他觉得只要在测试过程中引入相关的测试工具，那些一直困扰他们测试团队的问题就都能轻松解决了。

在业内经常会有这种想法，认为通过引入一种新的技术，就能解决面临的所有问题了。这种想法，忽视了除技术以外我们仍然需要做的工作。软件测试工具确实能提高测试的效率和质量，但它并不是能够解决一切问题的灵丹妙药。

软件测试工具能在测试过程中发挥多大的作用，取决于测试过程的管理水平和人员的技术水平。测试过程的管理水平和人员的技术水平都是人的因素，是一个开发组织不断改进、长期积累的结果。如果一个测试组织的测试过程管理很混乱，人员缺乏经验，那么不必忙于引入各种测试工具，这时首先应该做的是改进测试过程，提高测试人员的技术水平，待达到一定程度后，再根据情况逐步引入测试工具，进一步改善测试过程，提高测试效率和质量。

8.2.4 自动化测试产生的问题

1. 使用自动化测试的误区

自动化测试好处很多，但也有很多局限，正因为一些人只认识到了自动化测试的优点，导致对它的期望太高，所以产生了很多执行自动化测试失败的例子。

（1）期望自动化测试能取代手工测试

某些情况下自动化测试并不适用，所以不能期望在所有的情况下都使用自动化测试来取代手工测试，测试主要还是要靠人工的。

（2）期望自动测试发现大量新缺陷

自动化测试只能发现已知的问题，所以不能期望自动化测试去发现更多新的缺陷，事实证明新缺陷越多，自动化测试失败的几率就越大。发现更多的新缺陷应该是手工测试的主要目的。

（3）工具本身不具有想象力

对于一些界面美观和易用性方面的测试，自动化测试工具无能为力。

（4）只要使用自动化测试，就能缩短测试时间、提供测试效率

自动化测试的前期实现要花费更多的时间，相比创建和执行一个手工测试用例，要花费3～10 倍的时间来开发、验证和文档化一个自动化测试用例。

（5）自动化测试工具使用了图形化界面，很容易上手，对人员的要求不高

简单的"录制/回放"方法并不能实现有效的、长期的自动化测试，测试人员还需要对脚本进行优化，这就需要测试人员具有设计、开发、测试、调试和编写代码的能力，最理想的候选人是既有编程经验，又有测试经验。测试过程中，还需要安排专业人员对测试脚本库中的脚

本进行维护。

2．不适合自动化测试的情况

自动化测试不是适合所有公司、所有项目的。列举如下：

（1）定制型项目

为客户定制的项目，维护期由客户方承担的，甚至采用的开发语言、运行环境也是客户特别要求的，即公司在这方面的测试积累很少，这样的项目不适合作自动化测试。

（2）项目周期很短的项目

项目周期很短，测试周期很短，就不值得花精力去投资自动化测试，好不容易建立起的测试脚本，不能得到重复的利用是不现实的。

（3）业务规则复杂的对象

业务规则复杂的对象，有很多的逻辑关系、运算关系，工具就很难测试。

（4）美观、声音、易用性测试

人的感观方面的：界面的美观、声音的体验、易用性的测试，也只有人来测试。

（5）测试很少运行

测试很少运行，对自动化测试就是一种浪费。自动化测试就是让它不厌其烦地、反反复复地运行才有效率。

（6）软件不稳定

软件不稳定，则会由于这些不稳定因素导致自动化测试失败。只有当软件达到相对的稳定，没有界面性严重错误和中断错误才能开始自动化测试。

（7）涉及物理交互

工具很难完成与物理设备的交互，比如刷卡的测试等。

3．自动化测试的缺点

（1）不能取代手工测试。

（2）手工测试比自动测试发现的缺陷更多。

（3）对测试质量的依赖性极大。

（4）测试自动化不能提高有效性。

（5）测试自动化可能会制约软件开发。由于自动测试比手动测试更脆弱，所以维护会受到限制，从而制约软件的开发。

（6）工具本身并无想象力。

8.3　常用自动化测试工具简介

自动化测试工具可以减少测试工作量，提高测试工作效率，但首先是要选择一个合适的且满足企业实际应用需求的自动化测试工具，因为不同的测试工具，其面向的测试对象不同，测试的重点也有所不同。按照测试工具的主要用途和应用领域，可以将自动化测试工具分为以下几类：

1．功能测试类

（1）WinRunner/QuickTest Pro

WinRunner 是 MI 公司开发的企业级的功能测试工具，用于检测应用程序是否能够达到预期的功能及正常运行，自动执行重复任务并优化测试工作，从而缩短测试时间。其早期版本与 Rational Robot 类似，侧重于 Client/Server 应用程序测试，后期版本，如 8.0 版本增强了对 Web 应用的支持。QuickTest Pro 则很好地弥补了 WinRunner 对 Web 应用支持的不足，可以极大地提高 Web 应用功能测试和回归测试的效率，通过自动录制、检测和回放用户的应用操作，从而提高测试效率。

（2）QARun

一款自动回归测试工具，与 WinRunner 比较学习成本要低很多。不过要安装 QARun，必须安装.net 环境，另外它还提供与 TestTrack Pro 的集成。

（3）Rational Robot/Functional Tester

Rational Robot 主要侧重于 Client/Server 应用程序，对于 Visual Studio 编写的程序支持的非常好，同时还支持 Java Applet、HTML、Oracle Forms、People Tools 应用程序的支持。Functional Tester 是 rational 公司为了更好地支持 web 应用程序而开发的自动化功能测试工具。Functional Tester 是 Robot 的 Java 实现版本，在 Rational 被 IBM 收购后发布的。在 Java 的浪潮下，Robot 被移植到了 Eclipse 平台，并完全支持 Java 和.net。可以使用 VB.net 和 Java 进行脚本的编写。由于支持 Java，那么对测试脚本进行测试也变成了可能。更多的信息请到 IBM developerworks 上查看，另外还提供试用版本下载。

2. 性能/负载/压力测试类

（1）LoadRunner

支持多种常用协议，且个别协议支持的版本比较高；可以设置灵活的负载压力测试方案，可视化的图形界面可以监控丰富的资源；报告可以导出到 Word、Excel 以及 HTML 格式。

（2）WebLoad

WebLoad 是 RadView 公司推出的一个性能测试和分析工具，它让 Web 应用程序开发者自动执行压力测试；WebLoad 通过模拟真实用户的操作，生成压力负载来测试 Web 的性能，用户创建的是基于 JavaScript 的测试脚本，称为议程 agenda，用它来模拟客户的行为，通过执行该脚本来衡量 Web 应用程序在真实环境下的性能。

（3）E-Test Suite

由 Empirix 公司开发的测试软件，能够和被测试应用软件无缝结合的 Web 应用测试工具。工具包含 e-Tester、e-Load 和 e-Monitor，这三种工具分别对应功能测试、压力测试以及应用监控，每一部分功能相互独立，测试过程又可彼此协同。

（4）QALoad

QALoad 有很多优秀的特性：测试接口多；可预测系统性能；通过重复测试寻找瓶颈问题；从控制中心管理全局负载测试；可验证应用的扩展性；快速创建仿真的负载测试；性能价格比较高。此外，QALoad 不单单测试 Web 应用，还可以测试一些后台的东西，比如 SQL Server 等。只要它支持的协议都可以测试。

（5）Benchmark Factory

首先它可以测试服务器群集的性能；其次，可以实施基准测试；最后，可以生成高级脚本。

（6）Meter

是开源测试工具，专门为运行和服务器负载测试而设计、100%的纯 Java 桌面运行程序。原先是为 Web/HTTP 测试而设计的，但是它已经扩展以支持各种各样的测试模块。它和 HTTP

和 SQL（使用 JDBC）的模块一起运行。可以用来测试静止或活动资料库中的服务器运行情况，模拟服务器或网络系统在重负载下的运行情况。它也提供了一个可替换的界面用来定制数据显示，测试同步及测试的创建和执行。

（7）WAS

是 Microsoft 提供的免费的 Web 负载压力测试工具，应用广泛。WAS 可以通过一台或者多台客户机模拟大量用户的活动。WAS 支持身份验证、加密和 Cookies，也能够模拟各种浏览器和 Modem 速度，它的功能和性能可以与数万美元的产品媲美。

（8）ACT

或称 MSACT，是微软的 Visual Studio 和 Visual Studio.net 带的一套进行程序压力测试的工具。ACT 不但可以记录程序运行的详细数据参数，用图表显示程序运行情况，而且安装和使用都比较简单，阅读方便，是一套较理想的测试工具。

（9）OpenSTA

它的全称是 Open System Testing Architecture。OpenST 的特点是可以模拟很多用户来访问需要测试的网站，它是一个功能强大、自定义设置功能完备的软件。但是，这些设置大部分需要通过 Script 来完成，因此在真正使用这个软件之前，必须学习好它的 Script 编写。如果需要完成很复杂的功能，Script 的要求还比较高。当然这也是它的优点，一些程序员不会在意编写 Script 的。

（10）PureLoad

一个完全基于 Java 的测试工具，它的 Script 代码完全使用 XML。所以，编写 Script 很简单。它的测试包含文字和图形，且可以输出为 HTML 文件。由于是基于 Java 的软件，因此 PureLoad 可以通过 Java Beans API 来增强软件功能。

3．测试管理工具

（1）TestDirector MI 的测试管理工具

可以与 WinRunner、LoadRunner、QuickTestPro 进行集成。除了可以跟踪 Bug 外，还可以编写测试用例、管理测试进度等，是测试管理的首选软件。

（2）TestManager Rational Testsuite

可以用来编写测试用例、生成 Datapool、生成报表、管理缺陷以及日志等，是一个企业级的强大测试管理工具。缺点是必须和其他组件一起使用，测试成本比较高。

TrackRecord 是一款擅长于 Bug 管理的工具，与 TestDirecotr 和 Testmanager 比较起来是很 light 的。

（3）TestTrack/Bugzilla

TestTrack 为 Seapine 公司的产品，在国内应该是应用比较多的一个产品缺陷的记录及跟踪工具，它能够为你建立一个完善的 Bug 跟踪体系，包括报告、查询并产生报表、处理解决等几个部分。它的主要特点为：基于 Web 方式，安装简单；有利于缺陷的清楚传达；系统灵活，可配置性很强；自动发送 E-mail。Bugzilla 为开源缺陷记录和跟踪工具，最大好处是免费。

（4）Jira

是一个 Bug 管理工具，自带一个 Tomcat 4；同时有简单的工作流编辑，可用来定制流程；数据存储在 HSQL 数据引擎中，因此只要安装了 JDK 这个工具就可以使用。相比较 Bugzilla 来说有不少自身的特点，不过可惜它并不是开源工具，有 Lisence 限制。

下面表 8-2 总结了当前国际上流行的几个软件测试工具生产厂商及一些主要 IDE 产品，读者可根据参考网址去了解列举工具和更多工具的详细资料。

表 8-2　流行的自动化测试工具

生产厂商	工具名称	测试功能简述	网址链接
Mercury Interfactive Corporation	WinRuner	功能测试	http://www.Mercury.com/us/products
	LoadRunner	性能测试	
	QuickTest Pro	功能测试	
	Astra LoadTest	性能测试	
	TestDirector	测试管理	
IBM Rational	Rational Root	功能测试和性能测试	http://www.900.ibm.com/cn/software/rational/us/products
	Rational XDE tester	功能测试	
	Rational TestManager	测试管理	
	Rational PurifyPlus	白盒测试	
Compuware Corporation	QARun	功能测试	http://www.compuware.com/products
	QALoad	性能测试	
	QADirector	测试管理	
	DevPartner Studio Professional	白盒测试	
Seque Software	Silk Test	功能测试	http://www.Seque.com/products/index.asp
	Silk	性能测试	
	SilkCentral Test /Issue Manager	测试管理	
Empirix	e-Tester	功能测试	http://www.Empirix.com/Empirix/ /Web+Test+Monitoring/Testing+Solutions/ Integrated+Web+Testing.html
	e-Load	性能测试	
	e-Monitor	测试管理	
Parasoft	Jtest	Java 白盒测试	http://www.parasoft.com/jsp/ products.jsp?itemID=12
	C++test	C/C++白盒测试	
	.NETtest	.NET 白盒测试	
RadView	WebLoad	性能测试	http://www.radview.com/products
	WebFT	性能测试	
Microsoft	Web Application Stress Tool	性能测试	http://www.microsoft.com/technet/archive/ itsolutions/downloads/webtutor.mspx
Quest Software	Benchmark Factory	性能测试	http://www.quest.com/benchmark_factory
Minq Software	Pure	功能测试	http://www.minq.com/products/
	Pure	性能测试	
	Pure	测试监控	
Seapine Software	QA Wizard	功能测试工具	http://www.seapine.com/products
	TestTrack Pro	缺陷管理工具	

小　结

　　自动化测试工具可以减少测试工作量，提高测试工作效率。为满足企业实际应用需求，又阐述了我国软件企业现状，分析了引入自动化测试的时机和条件。详细描述了自动化测试的设计策略和测试步骤，并说明自动化测试工具在自动化测试中的重要性，还为读者提供了常用的自动化测试工具及下载地址。

习　题

1．名词解释：自动化测试、关键字驱动。
2．简述自动化测试的必然性。
3．自动化测试在什么时机引入？
4．简述自动化测试的步骤。
5．简述自动化测试工具的作用。
6．自动化测试工具可以分为哪几类？举例说明几种与之相应的测试工具。

第 9 章 面向对象的软件测试

本章概述：

本章通过面向对象软件开发的特点引入了面向对象的软件测试，通过传统软件测试和面向对象软件测试的比较，分析了面向对象软件测试是软件测试行业发展的必然方向。进而又详细描述了面向对象软件测试的方法和策略。最后较为详细地阐述了类测试的概念和方法。

9.1　面向对象软件测试的基本概念

如今，面向对象开发技术正大力地推动着软件产业的快速发展。在保证软件产品质量的手段中，最有效、最重要的技术要数软件测试技术。虽然软件测试技术的发展很快，但是其发展速度仍落后于软件开发技术的发展速度，使得软件测试在今天面临着很大的挑战。软件规模越来越大，功能越来越复杂，然而，传统的测试技术和方法，对面向对象技术开发的软件多少显得有些力不从心。如何进行充分而有效的测试便成为难题。尤其是面向对象的开发技术已经越来越普及，但是面向对象的测试技术却刚刚起步。

面向对象方法（Object-Oriented Method）是一种把面向对象的思想应用于软件开发过程中，指导开发活动的系统方法，是建立在"对象"概念基础上的方法学。面向对象方法作为一种新型的独具优越性的新方法，正在逐渐代替被广泛使用的面向过程开发方法，被看成是解决软件危机的新兴技术。面向对象技术产生更好的系统结构，更改规范的编程风格，极大地优化了数据使用的安全性，提高了程序代码的重用，一些人就此认为面向对象技术开发出的程序无须进行测试。

对于面向对象软件设计而言，测试与开发过程结合得更加紧密。面向对象程序的性质使面向对象软件测试的策略和技术有所变化。面向对象软件的构造从创建分析和设计模型开始，模型从对系统需求的非正式表示开始，逐步演化为详细的类模型、类连接和关系、系统设计和分配以及对象设计。在每个阶段，测试模型都要尽可能多地发现错误使其无法向下传播。

用计算机解决问题需要用程序设计语言对问题求解加以描述（即编程），实质上，软件是问题求解的一种表述形式。显然，假如软件能直接表现人求解问题的思维路径（即求解问题的方法），那么软件不仅容易被人理解，而且易于维护和修改，从而会保证软件的可靠性和可维护性，并能提高公共问题域中的软件模块和模块重用的可靠性。面向对象的机能和机制恰好可以按照人们通常的思维方式来建立问题域的模型，设计出尽可能自然地表现求解方法的软件。

9.1.1　面向对象软件设计的基本概念

1. 对象

对象是要研究的任何事物。从一本书到一家图书馆，单的整数到整数列庞大的数据库、极其复杂的自动化工厂、航天飞机都可看作对象，它不仅能表示有形的实体，也能表示无形的（抽象的）规则、计划或事件。对象由数据（描述事物的属性）和作用于数据的操作（体现事物的行为）构成一独立整体。从程序设计者来看，对象是一个程序模块；从用户来看，对象为他们提供所希望的行为。对内的操作通常称为方法。

2. 类

类是对象的模板。即类是对一组有相同数据和相同操作的对象的定义，一个类所包含的方法和数据描述一组对象的共同属性和行为。类是在对象之上的抽象，对象则是类的具体化，是类的实例。类可有其子类，也可有其他类，形成类层次结构。

3. 消息

消息是对象之间进行通信的一种规格说明。一般它由三部分组成：接收消息的对象、消息名及实际变元。

4. 封装性

封装是一种信息隐蔽技术，它体现于类的说明，是对象的重要特性。封装使数据和加工该数据的方法（函数）封装为一个整体，以实现独立性很强的模块，使得用户只能见到对象的外特性（对象能接受哪些消息、具有哪些处理能力），而对象的内特性（保存内部状态的私有数据和实现加工能力的算法）对用户是隐蔽的。封装的目的在于把对象的设计者和对象者的使用分开，使用者不必知晓行为实现的细节，只须用设计者提供的消息来访问该对象。

5. 继承性

继承性是子类自动共享父类之间数据和方法的机制，它由类的派生功能体现。一个类直接继职其他类的全部描述，同时可修改和扩充。

6. 多态性

对象根据所接收的消息而做出动作。同一消息为不同的对象接受时，可产生完全不同的行动，这种现象称为多态性。利用多态性，用户可发送一个通用的信息，而将所有的实现细节都留给接受消息的对象自行决定，这样，同一消息即可调用不同的方法。例如：Print 消息被发送给一图或表时，调用的打印方法与将同样的 Print 消息发送给一正文文件而调用的打印方法会完全不同。多态性的实现受到继承性的支持，利用类继承的层次关系，把具有通用功能的协议存放在类层次中尽可能高的地方，而将实现这一功能的不同方法置于较低层次，这样，在这些低层次上生成的对象就能给通用消息以不同的响应。在 OOPL 中可通过在派生类中重定义基类函数（定义为重载函数或虚函数）来实现多态性。

9.1.2　面向对象软件开发过程及其特点

面向对象的开发方法的基本思想认为，客观世界是由各种各样的对象组成的，每种对象都有各自的内部状态和运动规律，不同对象之间的相互作用和联系就构成了各种不同的系统。故面向对象软件开发的工作过程为：

（1）调查、分析系统需求，建立一个全面、合理、统一的模型。

（2）在繁杂的问题域中抽象地识别出对象以及其行为、结构、属性、方法。

（3）对象设计，即对分析的结果作进一步地抽象、归类、整理，并最终以范式的形式将它们确定下来。

（4）程序实现，即用面向对象的程序设计语言，将上一步整理的范式直接映射（直接用程序语言来取代）为应用程序软件。

面向对象开发的特点遵循以下三项原则：

（1）抽象原则（abstraction）——指为了某一分析目的而集中精力研究对象的某一性质，它可以忽略其他与此目的无关的部分。

（2）封装原则（encapsulation）即信息隐藏——指在确定系统的某一部分内容时，应考虑到其他部分的信息及联系都在这一部分的内部进行，外部各部分之间的信息联系应尽可能少。

（3）继承原则（inheritance）——指能直接获得已有的性质和特征而不必重复定义它们。

综上可知，在 OO 方法中，对象和传递消息分别表现事物及事物间相互联系的概念。类和继承是适应人们一般思维方式的描述范式。方法是允许作用于该类对象上的各种操作。这种对象、类、消息和方法的程序设计范式的基本点在于对象的封装性和类的继承性。通过封装能将对象的定义和对象的实现分开，通过继承能体现类与类之间的关系，以及由此带来的动态联编和实体的多态性，从而构成了面向对象的基本特征。

9.1.3 向对象软件测试的基本概念

1. 什么是面向对象的软件测试

尽管面向对象技术的基本思想保证了软件应该有更高的质量，但实际情况却并非如此，因为无论采用什么样的编程技术，编程人员的错误都是不可避免的，而且由于面向对象技术开发的软件代码重用率高，更需要严格测试，避免错误的繁衍。因此，软件测试并没有面向对象编程的兴起而丧失掉它的重要性。

从 1982 年在美国北卡罗来纳大学召开首次软件测试的正式技术会议至今，软件测试理论迅速发展，并相应出现了各种软件测试方法，使软件测试技术得到极大的提高。然而，一度实践证明，行之有效的软件测试对面向对象技术开发的软件多少显得有些力不从心。尤其是面向对象技术所独有的多态、继承、封装等新特点，产生了传统语言设计所不存在的错误可能性，或者使得传统软件测试中的重点不再突出，或者使原来测试经验认为和实践证明的次要方面成为了主要问题。

例如：在传统的面向过程程序中，对于函数 y=Function(x)；你只需要考虑一个函数（Function()）的行为特点，而在面向对象程序中，你不得不同时考虑基类函数（Base::Function()）的行为和继承类函数（Derived::Function()）的行为。

面向对象程序的结构不再是传统的功能模块结构，作为一个整体，原有集成测试所要求的逐步将开发的模块搭建在一起进行测试的方法已成为不可能。而且，面向对象软件抛弃了传统的开发模式，对每个开发阶段都有不同以往的要求和结果，已经不可能用功能细化的观点来检测面向对象分析和设计的结果。因此，传统的测试模型对面向对象软件已经不再适用。针对面向对象软件的开发特点，应该有一种新的测试模型。

2. 面向对象测试与传统测试的区别

传统测试模式与面向对象的测试模式的最主要的区别在于，面向对象的测试更关注对象而不是完成输入/输出的单一功能，这样测试可以在分析与设计阶段就先行介入，便得测试更好地配合软件生产过程并为之服务。与传统测试模式相比，面向对象测试的优点在于：更早地定义出测试用例；早期介入可以降低成本；尽早地编写系统测试用例以便于开发人员与测试人员对系统需求的理解保持一致；面向对象的测试模式更注重于软件的实质。具体有如下不同：

（1）测试的对象不同：传统软件测试的对象是面向过程的软件，一般用结构化方法构建；面向对象测试的对象是面向对象软件，采用面向对象的概念和原则，用面向对象的方法构建。

（2）测试的基本单位不同：前者是模块；面向对象测试的基本单元是类和对象。

（3）测试的方法和策略不同：传统软件测试采用白盒测试、黑盒测试、路径覆盖等方法；面向对象测试不仅吸纳了传统测试方法，也采用各种类测试等方法，而且集成测试和系统测试的方法和策略也很不相同。

3. 面向对象测试模型（Object-Orient Test Model）

现代的软件开发工程是将整个软件开发过程明确地划分为几个阶段，将复杂问题具体按阶段加以解决。这样，在软件的整个开发过程中，可以对每一阶段提出若干明确的监控点，作为各阶段目标实现的检验标准，从而提高开发过程的可见度，保证开发过程的正确性。实践证明软件的质量不仅体现在程序的正确性上，它和编码以前所做的需求分析、软件设计也密切相关。这时，对错误的纠正往往不能通过可能会诱发更多错误的简单的修修补补，而必须追溯到软件开发的最初阶段。因此，为了保证软件的质量，应该着眼于整个软件生存期，特别是着眼于编码以前的各开发阶段的工作。于是，软件测试的概念和实施范围必须扩充，应该包括整个开发各阶段的复查、评估和检测。由此，广义的软件测试实际是由确认、验证、测试三个方面组成。

（1）确认：评估将要开发的软件产品是否是正确无误、可行和有价值的。比如，将要开发的软件是否会满足用户提出的要求，是否能在将来的实际使用环境中正确稳定的运行，是否存在隐患等。这里包含了对用户需求满足程度的评价。确认意味着确保一个待开发软件是正确无误的，是对软件开发构想的检测。

（2）验证：检测软件开发的每个阶段、每个步骤的结果是否正确无误，是否与软件开发各阶段的要求或期望的结果相一致。验证意味着确保软件会正确无误地实现软件的需求，开发过程是沿着正确的方向在进行。

（3）测试：与狭隘的测试概念统一。通常是经过单元测试、集成测试、系统测试三个环节。

在整个软件生存期，确认、验证、测试分别有其侧重的阶段。确认主要体现在计划阶段、需求分析阶段，也会出现在测试阶段；验证主要体现在设计阶段和编码阶段；测试主要体现在编码阶段和测试阶段。事实上，确认、验证、测试是相辅相成的。确认无疑会产生验证和测试的标准，而验证和测试通常又会帮助完成一些确认，特别是在系统测试阶段。

和传统测试模型类似，面向对象软件的测试遵循在软件开发各过程中不间断测试的思想，使开发阶段的测试与编码完成后的一系列测试融为一体。在开发的每一阶段进行不同级别、不同类型的测试，从而形成一条完整的测试链。根据面向对象的开发模型，结合传统的测试步骤的划分，形成了一种整个软件开发过程中不断进行测试的测试模型，使开发阶段的测试与编码完成后的单元测试、集成测试、系统测试成为一个整体。面向对象的开发模型突破了传统的瀑布模型，将开发分为面向对象分析（OOA）、面向对象设计（OOD）和面向对象编程（OOP）三个阶段。分析阶段产生整个问题空间的抽象描述，在此基础上，进一步归纳出适用于面向对象编程语言的类和类结构，最后形成代码。由于面向对象的特点，采用这种开发模型能有效的将分析设计的文本或图表代码化，不断适应用户需求的变动。针对这种开发模型，结合传统的测试步骤的划分，本书推荐一种整个软件开发过程中不断测试的测试模型，使开发阶段的测试与编码完成后的单元测试、集成测试、系统测试成为一个整体。测试模型如图 9-1 所示。

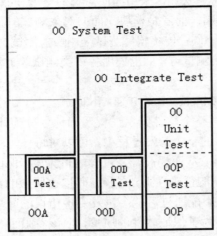

OOA Test－面向对象分析的测试；OOD Test－面向对象设计的测试；

OOP Test－面向对象编程的测试；OO Unit Test－面向对象单元测试；

OO Integrate Test－面向对象集成测试；OO System Test－面向对象系统测试

图 9-1　面向对象测试结构图

传统的单元测试针对程序的函数、过程或完成某一具体功能的程序块等基本原子程序。面向对象软件的基本组成单元是类，因此重点测试类的属性、方法、事件、状态和相应状态等内容。面向对象软件测试即在测试过程中继续运用面向对象技术，进行以对象概念为中心的软件测试。Binder 研究了面向对象的特征，如封装性、继承性、多态和动态绑定性等，认为这些特征的引入增加了测试的复杂性。软件测试层次是基于测试复杂性分解的思想，是软件测试的一种基本模式。测试可用不同的方法执行，通常的方法是按设计和实现的反向次序测试，首先验证不同层，然后使用事件集成不同的程序单元，最终验证系统级。根据测试层次结构确定相应的测试活动，并生成相应的层次。

在面向对象软件测试中，OOA（面向对象分析）全面地将问题空间中实现的功能进行现实抽象化，将问题空间中的实例抽象为对象，用对象的结构反映问题空间的复杂关系，用属性和服务表示实例的特殊性和行为。OOA 的结果是为后面阶段类的选定和实现、类层次结构的组织和实现提供平台。其测试重点在于完整性和冗余性，包括对认定对象的测试、对认定结构的测试、对认定主题的测试、对定义的属性和实例关联的测试、对定义的服务和消息关联的测试。OOD（面向对象设计）建立类结构或进一步构造类库，实现分析结果对问题空间的抽象。OOD 确定类和类结构不仅能够满足当前需求分析的要求，更主要的是通过重新组合或加以适当的补充，方便实现功能的重用和扩增。包括测试认定的类、测试类层次结构（类的泛化继承和关联）和测试类库。OOP（面向对象实施）是软件的计算机实现，根据面向对象软件的特性，可以忽略类功能实现的细节，将测试集中在类功能的实现和相应的面向对象程序风格，即数据成员的封装性测试和类的功能性测试上。如果程序是用 C++等面向对象语言实现的，则主要就是对类成员函数的测试。

面向对象单元测试是进行面向对象集成测试的基础。面向对象集成测试主要对系统内部的相互服务进行测试，如成员函数间的相互作用、类间的消息传递等。面向对象集成测试不但要基于面向对象单元测试，更要参见 OOD 或 OOD Test 结果。面向对象系统测试是基于面向对象集成测试的最后阶段的测试，主要以用户需求为测试标准，需要借鉴 OOA 或 OOA Test 结果。

9.2　面向对象测试的内容与范围

面向对象软件测试各阶段的测试构成一个相互作用的整体，但其测试的主体、方向和方法各有不同，接下来将从面向对象分析的测试、面向对象设计的测试、面向对象编程的测试、面向对象单元测试、面向对象集成测试、面向对象系统测试六个方面，分别介绍对面向对象软件的测试。

9.2.1　面向对象分析的测试（OOA Test）

传统的面向过程分析是一个功能分解的过程，是把一个系统看成可以分解的功能的集合。这种传统的功能分解分析法的着眼点在于一个系统需要什么样的信息处理方法和过程，以过程的抽象来对待系统的需要。而面向对象分析（OOA）是"把 E-R 图和语义网络模型，即信息造型中的概念，与面向对象程序设计语言中的重要概念结合在一起而形成的分析方法"，最后通常是得到问题空间的图表的形式描述。

OOA 直接映射问题空间，全面地将问题空间中实现功能的现实抽象化。将问题空间中的实例抽象为对象（不同于 C++中的对象概念），用对象的结构反映问题空间的复杂实例和复杂关系，用属性和服务表示实例的特性和行为。对一个系统而言，与传统分析方法产生的结果相反，行为是相对稳定的，结构是相对不稳定的，这更充分反映了现实的特性。OOA 的结果是为后面阶段类的选定和实现、类层次结构的组织和实现提供平台。因此，OOA 对问题空间分析抽象的不完整，最终会影响软件的功能实现，导致软件开发后期大量可避免的修补工作；而一些冗余的对象或结构会影响类的选定、程序的整体结构或增加程序员不必要的工作量。因此，本文对 OOA 的测试重点在其完整性和冗余性。

尽管 OOA 的测试是一个不可分割的系统过程，为叙述方便，对 OOA 阶段的测试划分为以下五个方面。

1. 对确定类和对象的范围的测试

确定类与对象就是在实际问题的分析中，高度地抽象和封装能反映问题域和系统任务的特征的类和对象。对它的测试可以从如下方面考虑：

（1）抽象的对象是否全面，是否现实问题空间中所有涉及到的实例都反映在认定的抽象对象中。

（2）抽象出的对象是否具有多个属性。只有一个属性的对象通常应看成其他对象的属性，而不是抽象为独立的对象。

（3）对抽象为同一对象的实例是否有共同的，区别于其他实例的共同属性。

（4）对抽象为同一对象的实例是否提供或需要相同的服务，如果服务随着不同的实例而变化，认定的对象就需要分解或利用继承性来分类表示。

（5）抽象的对象的名称应该尽量准确、适用。

如何在众多调查资料中进行分析并确定类与对象呢？解决这一问题的方法一般包含如下

几个方面：

（1）基础素材。系统调查的所有图表、文件、说明以及分析人员的经验、学识都是OOA分析的基础素材。

（2）潜在的对象。在对基础素材的分析中，哪种内容是潜在的，并且有可能被抽象地封装成对象与类呢？一般来说，结构、业务、系统、实体、应记忆的事件等因素都是潜在的对象。

（3）确定对象。初步分析选定对象以后，就通过一个对象和其他对象之间关系的角度来进行检验，并最后确定它。

（4）图形表示。用图形化方法表示确定的对象和类。

2. 对确定结构范围的测试

结构表示问题空间的复杂程度。标识结构的目的是便于管理问题域模型。在OOA中，结构是指泛化－特化结构和整体－部分结构两部分的总和。

（1）确定泛化－特化结构（分类结构）

泛化－特化结构有助于刻画出问题空间的类成员层次。继承的概念是泛化－特化结构的一个重要组成部分。继承提供了一个用于标识和表示公共属性与服务的显式方法。在一个泛化－特化结构内，继承使共享属性或共享服务、增加属性或增加服务成为可能。

定义泛化－特化结构时，要分析在问题空间和系统责任的范围内，通用类是否表达了专用类的共性，专用类是否表示了个性。

如图9-2给出的是泛化－特化结构。其中，"发表的文章"和"接受的文章"是特殊化类，"文章"是一般化类。特殊化类是一般化类的派生类，一般化类是特殊化类的基类。分类结构具有继承性，一般化类和对象的属性和服务一旦被识别，即可在特殊化类和对象中使用。

图9-2　泛化－特化结构图

（2）确定整体－部分结构（组装结构）

整体－部分结构表示一个对象怎样作为其他对象的一部分，和对象怎样组成更大的对象，与我们在系统工程中划分子系统结构的思路基本一致。如图9-3说明报社是由采访组、编辑室和印刷厂等几个部门组成，同时也指出，一个报社只有一个编辑室、一个印刷厂，但可以有一至多个采访组。

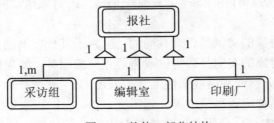

图9-3　整体－部分结构

分类结构体现了问题空间中实例的一般与特殊的关系，组装结构体现了问题空间中实例整体与局部的关系。

（3）从如下方面对认定的分类结构的测试。

1）自上而下的派生关系：对于结构中的一种对象，尤其是处于高层的对象，是否能派生出下一层对象。

2）自底向上的抽象关系：对于结构中的一种对象，尤其是处于同一底层的对象，是否能抽象出在现实中有意义的更一般的上层对象。

（4）从如下方面对认定的组装结构的测试。

1）整体（对象）和部件（对象）的组装关系是否符合现实的关系。

2）整体（对象）的部件（对象）是否在考虑的问题空间中有实际应用。

3）整体（对象）中是否遗漏了反映在问题空间中有用的部件（对象）。

4）部件（对象）是否能够在问题空间中组装新的有现实意义的整体（对象）。

3．对确定主题范围的测试

在 OOA 中，主题是一种指导研究和处理大型复杂模型的机制。它有助于分解系统，区别结构，避免过多的信息量同时出现所带来的麻烦。主题的确定可以帮助人们从一个更高的层次上来观察和表达系统的总体模型。

主题如同文章对各部分内容的概要。对主题层的测试应该考虑以下方面：

（1）贯彻 George Miller 的 "7+2" 原则。即如果主题个数超过 7 个，就要求对有较密切属性和服务的主题进行归并。

（2）主题所反映的一组对象和结构是否具有相同和相近的属性和服务。

（3）认定的主题是否是对象和结构更高层的抽象，是否便于理解 OOA 结果的概貌（尤其是对非技术人员的 OOA 结果读者）。

（4）主题间的消息联系（抽象）是否代表了主题所反映的对象和结构之间的所有关联。

在测试中，首先应该考虑：为每一个结构相应地增设一个主题；为每一个对象相应地增设一个主题。如果主题的个数过多，则需进一步精炼主题。根据需要，可以把紧耦合的主题合在一起，抽象成一个更高层次的模型概念供读者理解。然后，列出主题及主题层上各主题之间的消息连接。最后，对主题进行编号，在层次图上列出主题以指导读者从一个主题到另一个主题。每一层都组织成按主题划分的图。

4．对确定属性和实例关联的测试

在 OOA 中，属性被用来定义反映问题域的特点的任务。定义属性是通过确认信息和关系来完成的，它们和每个实例有关。对属性和实例关联的测试从如下方面考虑：

- 定义的属性是否对相应的对象和分类结构的每个现实实例都适用。
- 定义的属性在现实世界是否与这种实例关系密切。
- 定义的属性在问题空间是否与这种实例关系密切。
- 定义的属性是否能够不依赖于其他属性被独立理解。
- 定义的属性在分类结构中的位置是否恰当，低层对象的共有属性是否在上层对象属性体现。
- 在问题空间中每个对象的属性是否定义完整。
- 定义的实例关联是否符合现实。

● 在问题空间中实例关联是否定义完整，特别需要注意一对多和多对多的实例关联。
具体方法如下：

（1）确定属性的范围

首先要确定划分给每一个对象的属性，明确某个属性究竟描述哪个对象，要保证最大稳定性和模型的一致性，其次，确定属性的层次，通用属性应放在结构的高层，特殊属性放在低层。如果一个属性适用于大多数的特殊分类，可将其放在通用的地方，然后在不需要的地方把它覆盖（即用"X"等记号指出不需要继承该属性），如果发现某个属性的值有时有意义，有时却不适用，则应考虑分类结构，根据发现的属性，还可以进一步修订对象。

（2）实例连接

实例连接是一个问题域的映射模型，该模型反映了某个对象对其他对象的需求。通过实例连接可以加强属性对类与状态的描述能力。

实例连接有一对一（1:1）、一对多（1:M）和多对多（M:M）三种，分别表示一个实例可对应一个或多个实例，这种性质叫多重性。例如，一个车主拥有一辆汽车，则车主到汽车的实例连接是 1:1 的；一个车主拥有多辆汽车，则是 1:M 的。

实例连接的表示方法非常简单，只需在原类和对象的基础上用直线相连接，并在直线的两端用数字标志出它们之间的上下限关系即可。例如在车辆和执照事故管理系统中，可以将车辆拥有者和法律事件两个类&对象实例连接如图 9-4 形式。

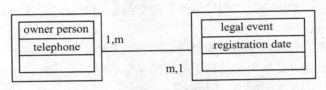

图 9-4　车辆拥有者和法律事件的实例连接

（3）详细说明属性和实例连接的约束

用名字和描述说明属性，属性可分成四类：描述性的、定义性的、永远可导出的和偶而可导出的。实例连接的约束是指多重性与参与性。

5. 对确定服务和消息关联的测试

对象收到消息后所能执行的操作，称其为可提供的服务。它描述了系统需要执行的处理和功能。定义服务的目的在于定义对象的行为和对象之间的通信（消息连接）。事实上，两个对象之间可能存在着由于通信需要而形成的关系，即为消息连接。消息连接表示从一个对象发送消息到另一个对象，由那个对象完成某些处理。

确定服务的具体解决方法主要包括四个基本步骤：在分析中识别对象状态；识别所要求的服务；识别消息连接和指定服务。

（1）识别对象状态

在系统运行过程中，对象从被创建到释放要经历多种不同的状态。对象的状态是由属性的值来决定和表示的。一个对象状态是属性值的标识符，它反映了对象行为的改变。

识别对象状态的方法一般通过检查每一个属性的所有可能取值，确定系统的职责是否针对这些可能的值会有不同的行为；检查在相同或类似的问题论域中以前的分析结果，看是否有可直接复用的对象状态；利用状态迁移图描述状态及其变化。

（2）识别所要求的服务

必要的服务可分为两大类：简单的服务和复杂的服务。

简单的服务是每一个类或对象都应具备这样的服务，在分析模型中，这些服务不必画出，如建立和初始化一个新对象、释放或删除一个对象等。

复杂的服务分为两种：计算服务和监控服务，必须在分析模型中显式地给出，计算服务是利用对象的属性值计算，以实现某种功能；监控服务主要处理对外部系统的输入/输出，外部设备的控制和数据的存取。

为了标识必要的服务，需要注意检查每一个对象的所有状态，确定此对象在不同的状态值下要负责执行哪些计算、要做哪些监控，以便能够弄清外部系统或设备的状态将如何改变，对这些改变应当做什么响应；检查在相同或类似的问题论域中以前的分析结果，看是否有可直接复用的服务。

（3）识别消息连接

消息连接是指从一个对象向另一个对象发送消息，并且使得某一处理功能，所需的处理是在发送对象的方法中指定的，并且在接收对象的方法中详细定义了的。

识别消息连接的方法及策略是检查在相同或类似的问题论域中以前分析的结果，看是否有可复用的消息连接。对于每一个对象，查询该对象需要哪些对象的服务，从该对象画一箭头到那个对象；查询哪个对象需要该对象的服务，从那个对象画一箭头到该对象；循消息连接找到下一个对象，重复以上步骤直至检查完全部对象。当一个对象将一条消息传送给另一个对象时，另一个对象又可传送一条消息给另一个对象，如此下去就可得到一条执行线索。检查所有的执行线索，确定哪些是关键执行线索，以检查模型的完备性。

（4）定义服务

在确定了对象的状态、所要执行的内容和消息后，具体如何执行操作呢？OOA 提供了模板式的方法描述方式，这是一种类似程序框图的工具。它主要用定义方法和定义例示来实现。如图 9-5 所示。

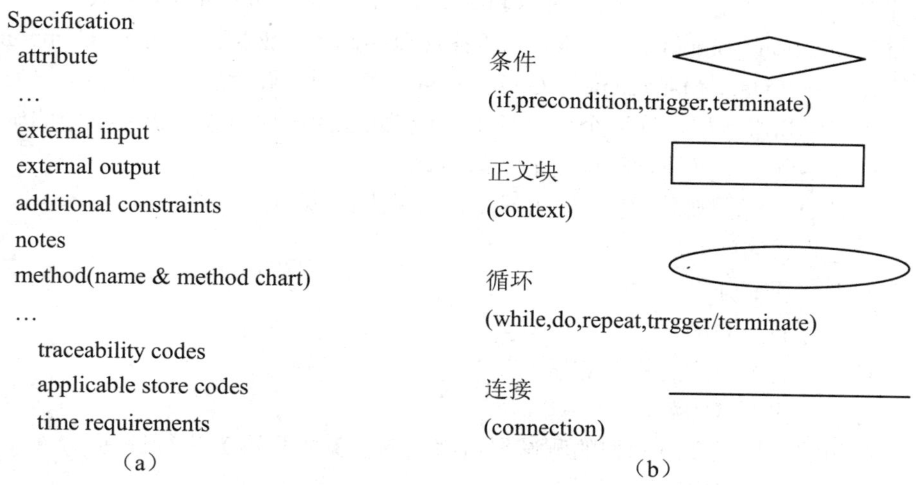

Specification
  attribute
  …
  external input
  external output
  additional constraints
  notes
  method(name & method chart)
  …
    traceability codes
    applicable store codes
    time requirements
（a）

条件
(if,precondition,trigger,terminate)

正文块
(context)

循环
(while,do,repeat,trrgger/terminate)

连接
(connection)
（b）

图 9-5　定义方法和定义例示

对定义的服务和消息关联的测试从如下方面进行：

- 对象和结构在问题空间的不同状态是否定义了相应的服务。
- 对象或结构所需要的服务是否都定义了相应的消息关联。
- 定义的消息关联所指引的服务提供是否正确。
- 沿着消息关联执行的线程是否合理，是否符合现实过程。
- 定义的服务是否重复，是否定义了能够得到的服务。

9.2.2 面向对象设计的测试（OOD Test）

面向对象设计（OOD）是以 OOA 为基础归纳出的类为基础，建立类结构甚至进一步构造成类库，实现了分析结果对问题空间的抽象。OOD 归纳的类可以是对象简单的延续，也可以是不同对象的相同或相似的服务。OOD 确定类和类结构不仅是满足当前需求分析的要求，更重要的是，通过重新组合或加以适当的补充或删减，能方便实现功能的重用和扩增，以不断适应用户的要求。OOD 的基本目标是改进设计、增进软件生产效率、提高软件质量以及加强可维护性。如果模型的质量很高，对项目来说就很有价值，但是如果模型有错误，那么它对项目的危害就无可估量。

以下面向对象设计模型是由 Coad 和 Yourdon 提出的。该模型由四个部分和五个层次组成。如图 9-6 所示。

图 9-6 OOD 系统模型

其四个组成部分是问题空间部件（Problem Domain Component，PDC）、人机交互部件（Human Interaction Component，HIC）、任务管理部件（Task Management Component，TMC）和数据管理部件（Data Management Component，DMC）。五个层次是主题层、类与对象层、结构层、属性层和服务层，这五个层次分别对应 Coad 的面向对象分析方法中的确定对象、确定结构、定义主题、定义属性、确定服务等行动。

所以，对 OOD 的测试，建议从如下几方面考虑：

- 确定测试的问题域。
- 人机交互部分设计的测试。
- 对认定的类的测试。
- 对构造的类层次结构的测试。
- 对类库的支持的测试。
- 对测试结果以及对模型的测试覆盖率（基于某中标准）进行评估。

1. 确定测试的问题域

在面向对象设计中，面向对象分析（OOA）的结果恰好符合面向对象设计（OOD）的问题空间部分，因此，OOA 的结果就是 OOD 部分模型中的一个完整部分。但是，为了解决一些特定设计所需要考虑的实际变化，可能要对 OOA 结果进行一些改进和增补。主要是根据需求的变化，对 OOA 产生模型中的某些类与对象、结构、属性、操作进行组合与分解。要考虑对时间与空间的折衷、内存管理、开发人员的变更、以及类的调整等。另外，根据 OOD 的附加原则，增加必要的类、属性和关系。

（1）复用设计

根据问题解决的需要，把从类库或其他来源得到的既存类增加到问题解决方案中去。既存类可以是用面向对象程序语言编写出来的，也可以是用其他语言编写出来的可用程序。要求标明既存类中不需要的属性和操作，把无用的部分维持到最小限度。并且增加从既存类到应用类之间的泛化－特化的关系。进一步地，把应用中因继承既存类而成为多余的属性和操作标出。还要修改应用类的结构和连接，必要时把它们变成可复用的既存类。

（2）把问题论域相关的类关联起来

在设计时，从类库中引进一个根类，做为包容类，把所有与问题论域有关的类关联到一起，建立类的层次。把同一问题论域的一些类集合起来，存于类库中。

（3）加入一般化类以建立类间协议

有时，某些特殊类要求一组类似的服务。在这种情况下，应加入一个一般化的类，定义为所有这些特殊类共用的一组服务名，这些服务都是虚函数。在特殊类中定义其实现。

（4）调整继承支持级别

在 OOA 阶段建立的对象模型中可能包括多继承关系，但实现时使用的程序设计语言可能只有单继承，甚至没有继承机制，这样就需对分析的结果进行修改。可通过将特殊类的对象看作一个一般类对象所扮演的角色，通过实例连接把多继承的层次结构转换为单继承的层次结构；把多继承的层次结构平铺，成为单继承的层次结构等方法。

（5）改进性能

提高执行效率和速度是系统设计的主要指标之一。有时，必须改变问题论域的结构以提高效率。如果类之间经常需要传送大量消息，可合并相关的类以减少消息传递引起的速度损失。增加某些属性到原来的类中，或增加低层的类，以保存暂时结果，避免每次都要重复计算造成速度损失。

（6）加入较低层的构件

在做面向对象分析时，分析员往往专注于较高层的类和对象，避免考虑太多低层的实现细节。但在做面向对象设计时，设计师在找出高层的类和对象时，必须考虑到底需要用到哪些较低层的类和对象。

针对上述问题域的定义，制定如下测试策略：

首先制订检查的范围和深度。范围将通过描述材料的实体或一系列详细的用例来定义。对小的项目来说，范围可以是整个模型。深度将通过指定需要测试的模型（MUT）的某种 UML（统一建模语言）图的集合层次中的级别来定义。

然后为每一个评价标准开发测试用例，标准在应用时使用基本模型的内容作为输入。这种从用户用例模型出发的方式对许多模型的测试用例来说是一个很好的出发点。

2．人机交互部分的设计（HIC）的测试

通常在 OOA 阶段给出了所需的属性和操作，在设计阶段，必须根据需求把交互的细节加入到用户界面的设计中，包括有效的人机交互所必需的实际显式和输入。人机交互部分的设计决策影响到人的感情和精神感受，测试 HIC 的策略由以下几方面构成：用户分类；描述人及其任务的脚本；设计命令层；设计详细的交互；继续做原型；设计 HIC 类；根据图形用户界面（GUI）进行设计。

（1）用户分类

进行用户分类的目的是明确使用对象，针对不同的使用对象设计不同的用户界面，以适合不同用户的需要。分类的原则有：

● 按技能层次分类：外行/初学者/熟练者/专家；

● 按组织层次分类：行政人员/管理人员/专业技术人员/其他办事员；

● 按职能分类：顾客/职员。

（2）描述人及其任务脚本

对以上定义的每一类人，描述其身份、目的、特征、关键的成功因素、熟练程度及任务剧本。

例 9-1　描述分析员：

什么人：分析员。

目的：要求一个工具来辅助分析工作（摆脱繁重的画图和检查图的工作）。

特点：年龄＝42 岁；教育水平＝大学；限制＝不要微型打印。

成功的关键因素：工具应当使分析工作顺利进行；工具不应与分析工作冲突；工具应能捕获假设和思想，能适时做出折衷；应能及时给出模型各个部分的文档，这与给出需求同等重要。

熟练程度：专家。

任务脚本：主脚本——识别"核心的"类和对象；识别"核心"结构；在发现了新的属性或操作时，随时都可以加进模型中去。检验模型——打印模型及其全部文档。

（3）设计命令层

研究现行的人机交互活动的内容和准则，建立一个初始的命令层，再细化命令层；这时，要考虑：排列命令层次，把使用最频繁的操作放在前面，按照用户工作步骤排列；通过逐步分解，找到整体－部分模式，帮助在命令层中对操作进行分块；根据人们短期记忆的"7±2"或"每次记忆 3 块/每块 3 项"的特点，组织命令层中的服务，宽度与深度不宜太大，减少操作步骤。

（4）设计详细的交互

用户界面设计有若干原则，一般有：一致性，操作步骤少，不要"哑播放"，即每当用户等待系统完成一个活动时，要给出一些反馈信息，说明工作正在进展以及进展的程度。在操作出现错误时，要恢复或部分恢复原来的状态。提供联机的帮助信息。并具有趣味性，在外观和感受上，尽量采用图形界面，符合人类习惯，有一定吸引力。

（5）继续做原型

做人机交互原型是 HIC 设计的基本工作，界面应使人花最少的时间去掌握其使用技法，做几个可候选的原型，让人们一个一个地试用，要达到"臻于完善"，由衷地满意。

（6）设计 HIC 类

设计 HIC 类，从组织窗口和部件的人机交互设计开始，窗口作基本类、部件作属性或部分类；特殊窗口作特殊类。每个类包括窗口的菜单条、下拉菜单、弹出菜单的定义，每个类还定义了用来创造菜单、加亮选择等所需的服务。

（7）根据 GUI（图形用户界面）进行设计

图形用户界面分为字型、坐标系统和事件。图形用户界面的字型是字体、字号、样式和颜色的组合。坐标系统主要因素有原点（基准点）、显式分辨率、显示维数等。事件则是图形用户界面程序的核心，操作将对事件做出响应，这些事件可能是来自人的，也可能是来自其他操作的。事件的工作方式有两种：直接方式和排队方式。所谓直接方式，是指每个窗口中的项目有它自己的事件处理程序，一旦事件发生，则系统自动执行相应的事件处理程序。所谓排队方式，是指当事件发生时系统把它排到队列中，每个事件可用一些子程序信息来激发。应用可利用 "next event" 来得到一个事件并执行它所需要的一切活动。

3. 对任务管理部分设计（TMC）的测试

在 OOD 中，任务是指系统为了达到某一设定目标而进行的一连串的数据操作（或服务），若干任务的并发执行叫做多任务。任务能简化并发行为的设计和编码，TMC 的设计就是针对任务项，对一连串的数据操作进行定义和封装，对于多任务要确定任务协调部分，以达到系统在运行中对各项任务进行合理组织与管理。

（1）TMC 设计策略

1）识别事件驱动任务。事件驱动任务是指睡眠任务（不占用 CPU），当某个事件发生时，任务被此事件触发，任务醒来做相应处理，然后又回到睡眠状态。

2）识别时钟驱动任务。按特定的时间间隔去触发任务进行处理，如某些设备需要周期性的数据采集和控制。

3）识别优先任务和关键任务。把它们分离开来进行细致的设计和编码，保证时间约束或安全性。

4）识别协调者。增加一个任务来协调诸任务，这个任务可以封装任务之间的协作。

5）审查每个任务，使任务数尽可能少。

6）定义每个任务：包括任务名、驱动方式、触发该任务的事件、时间间隔、如何通信等。

（2）设计步骤

1）对类和对象进行细化，建立系统的 OOA/OOD 工作表格。OOA/OOD 工作表格包括某系统可选定的对象的条目、对该对象在 OOD 部件中位置的说明和注释等。

2）审查 OOA/OOD 工作表格，寻找可能被封装在 TMC 中那些与特定平台有关的部分，以及任务协调部分、通信的从属关系、消息、线程序列等。

3）构建新的类。TM 部件设计的首要任务就是构建一些新的类，这些类建立的主要目的是处理并发执行、中断、调度以及特定平台有关的一些问题。

任务管理部件一般在信息系统中使用较少，在控制系统中应用较多。

4. 对数据管理部分设计（DMC）的测试

数据管理部分提供了在数据管理系统中存储和检索对象的基本结构，包括对永久性数据的访问和管理。它分离了数据管理机构所关心的事项，包括文件、关系型 DBMS 或面向对象 DBMS 等。

（1）数据管理方法

数据管理方法主要有三种：文件管理、关系数据库管理和面向对象库数据管理。

1）文件管理：提供基本的文件处理能力。

2）关系数据库管理系统（RDBMS）：关系数据库管理系统建立在关系理论的基础上，它使用若干表格来管理数据，使用特定操作，如 select（提取某些行）、project（提取某些栏）、join（联结不同表格中的行，再提取某些行）等，可对表格进行剪切和粘贴。通常根据规范化的要求，可对表格及其各栏重新组织，以减少数据冗余，保证修改一致性数据不致出错。

3）面向对象数据库管理系统（OODBMS）：通常，面向对象的数据库管理系统以两种方法实现：一是扩充的 RDBMS，二是扩充的面向对象程序设计语言（OOPL）。

扩充的 RDBMS 主要对 RDBMS 扩充了抽象数据类型和继承性，再加上一些一般用途的操作来创建和操纵类与对象。扩充的 OOPL 对面向对象程序设计语言嵌入了在数据库中长期管理存储对象的语法和功能。这样，可以统一管理程序中的数据结构和存储的数据结构，为用户提供了一个统一视图，无须在它们之间做数据转换。

（2）数据管理部分的设计

数据存储管理部分的设计包括数据存放方法的设计和相应操作的设计。

1）数据存放设计

数据存放有三种形式：文件存放方式、关系数据库存放方式和面向对象数据库存放方式，根据具体情况选用。

2）设计相应的操作

为每个需要存储的对象及其类增加用于存储管理的属性和操作，在类及对象的定义中加以描述。通过定义，每个需要存储的对象将知道如何"存储我自己"。

9.2.3 面向对象编程的测试（OOP Test）

典型的面向对象程序具有继承、封装和多态的新特性，这使得传统的测试策略必须有所改变。封装是对数据的隐藏，外界只能通过被提供的操作来访问或修改数据，这样降低了数据被任意修改和读写的可能性，降低了传统程序中对数据非法操作的测试。继承是面向对象程序的重要特点，继承使得代码的重用率提高，同时也使错误传播的概率提高。继承使得传统测试遇见了这样一个难题：对继承的代码究竟应该怎样测试？（参见面向对象单元测试）。多态使得面向对象程序对外呈现出强大的处理能力，但同时却使得程序内"同一"函数的行为复杂化，测试时不得不考虑不同类型具体执行的代码和产生的行为。

面向对象程序是把功能的实现分布在类中。能正确实现功能的类，通过消息传递来协同实现设计要求的功能。正是这种面向对象程序风格，将出现的错误能精确地确定在某一具体的类。因此，在面向对象编程（OOP）的测试中，忽略类功能实现的细则，将测试的目光集中在类功能的实现和相应的面向对象程序风格，主要体现为以下两个方面（假设编程使用 C++语言）。

1. 数据成员是否满足数据封装的要求

数据封装是数据和数据有关的操作的集合。检查数据成员是否满足数据封装的要求，基本原则是数据成员是否被外界（数据成员所属的类或子类以外的调用）直接调用。更直观地说，当改变数据成员的结构时，是否影响了类的对外接口，是否会导致相应外界必须改动。值得注意的是，有时强制的类型转换会破坏数据的封装特性。

例 9-2:

```
class Hiden
{
private:
int a=1;
char *p= "hiden";
}
class Visible
{
public:
int b=2;
char *s= "visible";
}
.....
Hiden pp;
Visible *qq=(Visible *)&pp;
```

在上面的程序段中，pp 的数据成员可以通过 qq 被随意访问，这就破坏了数据的封装性。

2. 类是否实现了要求的功能

类所实现的功能都是通过类的成员函数执行。在测试类的功能实现时，应该首先保证类成员函数的正确性。单独地看待类的成员函数，与面向过程程序中的函数或过程没有本质的区别，几乎所有传统的单元测试中所使用的方法，都可在面向对象的单元测试中使用。具体的测试方法在面向对象的单元测试中介绍。类函数成员的正确行为只是类能够实现要求的功能的基础，类成员函数间的作用和类之间的服务调用是单元测试无法确定的。因此，需要进行面向对象的集成测试。具体的测试方法在面向对象的集成测试中介绍。需要注意的是，测试类的功能不能仅满足于代码能无错运行或被测试类能提供的功能无错，应该以所做的 OOD 结果为依据，检测类提供的功能是否满足设计的要求，是否有缺陷。必要时（如通过 OOD 结仍不清楚明确的地方）还应该参照 OOA 的结果，以之为最终标准。

9.2.4　面向对象的单元测试（OO Unit Test）

传统的单元测试是针对程序的函数、过程或完成某一定功能的程序块。面向对象的单元测试对象是软件设计的最小单位——类。单元测试的依据是详细设计，单元测试应对类中所有重要的属性和方法设计测试用例，以便发现类内部的错误。单元测试多采用白盒测试技术，系统内多个类块可以并行地进行测试。沿用单元测试的概念，实际测试类成员函数。一些传统的测试方法在面向对象的单元测试中都可以使用，如等价类划分法、因果图法、边值分析法、逻辑覆盖法、路径分析法等。

1. 单元测试的内容

面向对象的单元就是类，单元测试实际就是对类的测试。类测试的目的主要是确保一个类的代码能够完全满足类的说明所描述的要求。对一个类进行测试以确保它只做规定的事情，对此给予关注的多少，取决于提供额外的行为的类相关联的风险。每个类都封装了属性（数据）和管理这些数据的操作（也被称做方法或服务）。一个类可以包含许多不同的操作，一个特殊的操作可以出现在许多不同的类中，而不是个体的模块。传统的单元测试只能测试一个操作（功能），而在面向对象单元测试中，一个操作功能只能作为一个类的一部分，类中有多个操作（功能），就要进行多个操作的测试。另外，父类中定义的某个操作被多个子类继承，不同子类中某个操作在使用时又有细微的不同，所以还必须对每个子类中某个操作进行测试。对类的测试强调对语句应该有 100% 的执行代码覆盖率。在运行了各种类的测试用例后，如果代码的覆盖率不完整，这可能意味着该类包含了额外的文档支持的行为，需要增加更多的测试用例来进行测试。

2. 方法的测试

在测试类的功能实现时，应该首先保证类成员函数的正确性。类函数成员的正确行为只是类能够实现要求的功能的基础，类成员函数间的作用和类之间的服务调用是单元测试无法确定的。因此，需要进行面向对象的集成测试。测试时主要考虑封装在类中的一个方法对数据进行的操作，可以采用传统的模块测试方法，但方法是封装在类中，并通过向所在对象发消息来执行，它的执行与状态有关，特别是在操作的多态性时，设计测试用例时要考虑设置对象的初态，并且要设计一些函数来观察隐蔽的状态值。

类的行为是通过其内部方法来表现的，方法可以看作传统测试中的模块。因此传统针对模块的设计测试案例的技术，例如逻辑覆盖、等价划分、边界值分析和错误推测等方法，仍然可以作为测试类中每个方法的主要技术。面向对象中为了提高方法的重用性，每个方法所实现的功能应尽量小，每个方法常常只由几行代码组成，控制比较简单，因此测试用例的设计相对比较容易。在传统的结构化系统中需要设计一个能调用被测模块的主程序来实现对模块的测试，而在面向对象系统中方法的执行是通过消息来驱动执行的，要测试类中的方法，必须用一个驱动程序对被测方法发一条消息以驱动其执行，如果被测模块或方法中调用其他的模块或方法，则都需要设计一个模拟被调子程序功能的存根程序。驱动程序、存根程序及被测模块或方法组成一个独立的可执行的单元。

方法测试中有两个方面要加以注意。首先，方法执行的结果并不一定返回调用者，有的可能改变被测对象的状态（类中所有属性值）。状态是外界不可见的，为了测试对象状态的变化是否已经被执行，在驱动程序中还必须给对象发送一些额外的信息。其次，除了类中自己定义的方法，还可能存在从基类继承来的方法，这些方法虽然在基类中已经测试过，但派生类往往需要再次测试。

在面向对象软件中，在保证单个方法功能正确的基础上，还应该测试方法之间的协作关系。操作被封装在类中，对象彼此间通过发送消息启动相应的操作。但是，对象并没有明显地规定用什么次序启动它的操作才是合法的。这时，对象就像一个有多个入口的模块，因此，必须测试方法依不同次序组合的情况。但是为了提高方法的重用性，设计方法的一个准则是提高方法的内聚，即一个方法应该只完成单个功能，因此一个类中方法数一般较多。当类中方法数为 n 时，全部的次序组合数为 2n。因此，测试完全的次序组合通常是不可能的，在设计测试用例时，同样可以利用等价划分、边界值、错误推测等技术，从各种可能启动操作的次序组合中，选出最可能发现属性和操作错误的若干种情况，着重进行测试。测试步骤与单个方法测试步骤类似。

同样，对于继承来的方法与新方法的协作，也要加以测试。因为随着新方法的加入，增加了启动操作次序的组合情况，某些启动序列可能破坏对象的合法状态。所以，对于继承来的方法，也需要仔细测试它们是否能够完成所要完成的功能。

由上述可见，如果以方法为单元进行测试，那么面向对象的单元测试就相当于归结为传统的过程的单元测试了。以前的方法都可以使用。

需要考虑的是，运行测试用例时候，必须提供能够实例化的桩类，以及起驱动器作用的"主程序"类，来提供和分析测试用例。

9.2.5 面向对象的集成测试（OO Integrate Test）

传统的集成测试，是通过各种集成策略集成各功能模块进行测试，一般可以在部分程序编译完成的情况下进行。而对于面向对象程序，相互调用的功能是散布在程序的不同类中，类通过消息相互作用申请和提供服务。类的行为与它的状态密切相关，状态不仅仅体现在类数据成员的值，也许还包括其他类中的状态信息。由此可见，类相互依赖极其紧密，根本无法在编译不完全的程序上对类进行测试。所以，面向对象的集成测试通常需要在整个程序编译完成后进行。此外，面向对象程序具有动态特性，程序的控制流往往无法确定，因此也只能对整个编译后的程序做基于黑盒子的集成测试。

把一组相互有影响的类看作一个整体称为类簇。类簇测试主要根据系统中相关类的层次关系，检查类之间的相互作用的正确性，即检查各相关类之间消息连接的合法性、子类的继承性与父类的一致性、动态绑定执行的正确性、类簇协同完成系统功能的正确性等。其测试有两种不同策略。

1. 基于类间协作关系的横向测试

由系统的一个输入事件作为激励，对其触发的一组类进行测试，执行相应的操作/消息处理路径，最后终止于某一输出事件。应用回归测试对已测试过的类集再重新执行一次，以保证加入新类时不会产生意外的结果。

2. 基于类间继承关系的纵向测试

首先通过测试独立类（是系统中已经测试正确的某类）来开始构造系统，在独立类测试完成后，下一层继承独立类的类（称为依赖类）被测试，这个依赖类层次的测试序列一直循环执行到构造完整个系统。

集成测试在面向对象系统中属于应用生命周期的一个阶段，可在两个层次上进行。第一层对一个新类进行测试，以及测试在定义中所涉及的那些类的集成。设计者通常用关系 is a、is part 和 refers to 来描述类与类之间的依赖，并隐含了类测试的顺序。首先测试基础类，然后使用这些类的类接着测试，再按层次继续测试，每一层次都使用了以前已定义和测试过的类作为部件块。对于面向对象领域中集成测试的特别要求是：应当不需要特别地编写代码，就可把在当前的软件开发中使用的元素集合起来。因此，其测试重点是各模块之间的协调性，尤其是那些从没有在一起的类之间的协调性。

集成测试的第二层是将各部分集合在一起组成整个系统进行测试。以 C ++ 语言编写的应用系统为例，通常在其主程序中创建一些高层类和全局类的实例，通过这些实例的相互通信从而实现系统的功能。对于这种测试所选择的测试用例，应当瞄准待开发软件的目标而设计，并且应当给出预期的结果，以确定软件的开发是否与目标相吻合。

面向对象的集成测试能够检测出相对独立的单元测试无法检测出的那些类相互作用时才会产生的错误。基于单元测试对成员函数行为正确性的保证，集成测试只关注于系统的结构和内部的相互作用。面向对象的集成测试可以分成两步进行：先进行静态测试，再进行动态测试。

静态测试主要针对程序的结构进行，检测程序结构是否符合设计要求。现在流行的一些测试软件都能提供一种称为"可逆性工程"的功能，即通过原程序得到类关系图和函数功能调用关系图，例如 International Software Automation 公司的 Panorama-2 forWindows 95、Rational 公司的 Rose C++ Analyzer 等，将"可逆性工程"得到的结果与 OOD 的结果相比较，检测程序结构和实现上是否有缺陷。换句话说，通过这种方法检测 OOP 是否达到了设计要求。

动态测试设计测试用例时，通常需要上述的功能调用结构图、类关系图或者实体关系图为参考，确定不需要被重复测试的部分，从而优化测试用例，减少测试工作量，使得进行的测试能够达到一定覆盖标准。测试所要达到的覆盖标准可以是：达到类所有的服务要求或服务提供的一定覆盖率；依据类间传递的消息，达到对所有执行线程的一定覆盖率；达到类的所有状态的一定覆盖率等。同时也可以考虑使用现有的一些测试工具来得到程序代码执行的覆盖率。

具体设计测试用例，可参考下列步骤：

（1）先选定检测的类，参考 OOD 分析结果，确定出类的状态和相应的行为，类或成员函数间传递的消息，输入或输出的界定等。

（2）确定覆盖标准。

（3）利用结构关系图确定待测类的所有关联。

（4）根据程序中类的对象构造测试用例，确认使用什么输入激发类的状态、使用类的服务和期望产生什么行为等。

值得注意的是，设计测试用例时，不但要设计确认类功能满足的输入，还应该有意识地设计一些被禁止的例子，确认类是否有不合法的行为产生，如发送与类状态不相适应的消息、要求不相适应的服务等。根据具体情况，动态的集成测试有时也可以通过系统测试完成。

9.2.6　面向对象的系统测试（OO System Test）

通过单元测试和集成测试，仅能保证软件开发的功能得以实现，不能确认在实际运行时，它是否满足用户的需要，是否大量存在实际使用条件下会被诱发产生错误的隐患。为此，对完成开发的软件，必须经过规范的系统测试。换个角度说，开发完成的软件仅仅是实际投入使用系统的一个组成部分，需要测试它与系统其他部分配套运行的表现，以保证在系统各部分协调工作的环境下也能正常工作。

系统测试是对所有类和主程序构成的整个系统进行整体测试，检验软件和其他系统成员配合工作的正确性，以及性能指标满足需求规格说明书和任务书所指定的要求等。它与传统的系统测试一样，主要集中在用户可见活动和用户可识别的系统输出上，包括功能测试、性能测试、余量测试等，可套用传统的系统测试方法。测试用例可以从对象—行为模型和作为面向对象分析的一部分的事件流图中导出。

系统测试应该尽量搭建与用户实际使用环境相同的测试平台，应该保证被测系统的完整性，对临时没有的系统设备部件，也应有相应的模拟手段。系统测试时，应该参考 OOA 分析的结果，对应描述的对象、属性和各种服务，检测软件是否能够完全"再现"问题空间。系统测试不仅是检测软件的整体行为表现，从另一个侧面看，也是对软件开发设计的再确认。

这里说的系统测试是对测试步骤的抽象描述。它体现的具体测试内容包括：

（1）功能测试。测试是否满足开发要求，是否能够提供设计所描述的功能，是否用户的需求都得到满足。功能测试是系统测试最常用和必需的测试，通常还会以正式的软件说明书为测试标准。

（2）强度测试。测试系统的能力最高实际限度，即软件在一些超负荷的情况、功能实现情况。如要求软件某一行为的大量重复、输入大量的数据或大数值数据、对数据库大量复杂的查询等。

（3）性能测试。测试软件的运行性能。这种测试常常与强度测试结合进行，需要事先对被测软件提出性能指标，如传输连接的最长时限、传输的错误率、计算的精度、记录的精度、响应的时限和恢复时限等。

（4）安全测试。验证安装在系统内的保护机构确实能够对系统进行保护，使之不受各种非常的干扰。安全测试时需要设计一些测试用例试图突破系统的安全保密措施，检验系统是否有安全保密的漏洞。

（5）恢复测试。采用人工的干扰使软件出错，中断使用，检测系统的恢复能力，特别是通信系统。恢复测试时，应该参考性能测试的相关测试指标。

（6）可用性测试。测试用户是否能够满意使用。具体体现为操作是否方便，用户界面是否友好等。

（7）安装/卸载测试。测试用户能否方便地安装/卸载软件。系统测试需要对被测的软件结合需求分析做仔细的测试分析，建立测试用例。

（8）可用性测试。测试用户是否能够满意使用。具体体现为操作是否方便，用户界面是否友好等。

（9）基于 UML 的系统测试。考查系统的规格说明、用例图、GUI 状态图。分成下面四个层次：

1）构建用例与系统功能的关联矩阵，建立测试覆盖的初步标准，从对应于扩展基本用例的真实用例中导出测试用例。

2）通过所有真实用例开发测试用例。

3）用过有限状态机导出测试用例，有限状态机由 GUI 外观有限状态机描述导出。

4）通过基于状态的事件表导出测试用例，这种工作必须对每个状态重复进行。

（10）基于状态图的系统测试。状态图是系统测试的很好的基础。问题是，UML 将状态图规定为类级的。合成多个类的状态图得到一个系统级的状态图是很难的。一种可行的方法是，将每个类级的状态图转换成一组 EDPN，然后合成 EDPN。

9.2.7 面向对象的其他测试

在面向对象测试中，除需要进行上面介绍的测试外，还应该进行如下测试。

（1）基于故障的测试

在面向对象的软件中，基于故障的测试具有较高的发现可能故障的能力。由于系统必须满足用户的需求，因此，基于故障的测试要从分析模型开始，考察可能发生的故障。为了确定这些故障是否存在，可设计用例去执行设计或代码。基于故障测试的关键取决于测试设计者如何理解"可能的错误"。而在实际中，要求设计者做到这点是不可能的。基于故障测试也可以用于集成测试，集成测试可以发现消息联系中"可能的故障"。"可能的故障"一般为意料之外的结果，错误地使用了操作，消息、不正确引用等。为了确定由操作（功能）引起的可能故障，必须检查操作的行为。这种方法除用于操作测试外，还可用于属性测试，用以确定其对于不同类型的对象行为是否赋予了正确的属性值。因为一个对象的"属性"是由其赋予属性的值定义的。

应当指出，集成测试是从客户对象（主动），而不是从服务器对象（被动）上发现错误。正如传统的软件集成测试是把注意点集中在调用代码而不是被调用代码一样，即发现客户对象中"可能的故障"。

（2）基于脚本的测试

基于脚本的测试主要关注用户需要做什么，而不是产品能做什么，即从用户任务（使用用例）中找出用户要做什么以及去执行它。这种基于脚本的测试有助于在一个单元测试情况下检查多重系统。所以基于脚本测试用例测试比基于故障测试不仅更实际（接近用户），而且更复杂一点。

基于脚本测试减少了两种主要类型的错误：

1）不正确的规格说明，如做了用户不需要的功能，也可能缺少了用户需要的功能。

2）子系统间的交互作用没有考虑，如一个子系统（事件或数据流等）的建立导致其他子系统的失败。

例 9-3 考查一个文本编辑的基于脚本测试的用例设计。

使用用例：确定最终设计

背景：打印最终设计，并能从屏幕图像上发现一些不易见到的且让人烦恼的错误。

其执行事件序列：打印整个文件；移动文件，修改某些页；当某页被修改，就打印某页；有时要打印许多页。

显然，测试者希望发现打印和编辑两个软件功能是否能够相互依赖，否则就会产生错误。

（3）面向对象类的随机测试

如果一个类有多个操作（功能），这些操作（功能）序列有多种排列。而这种不变化的操作序列可随机产生，用这种可随机排列的序列来检查不同类实例的生存史，就叫随机测试。

例 9-4 一个银行信用卡的应用，其中有一个类——计算（account）。该 account 的操作有：open,setup,deposit,withdraw,balance,summarize,creditlimit 和 close。这些操作中的每一项都可用于计算，但 open,close 必须在其他计算的任何一个操作前后执行，即使 open 和 close 有这种限制，这些操作仍有多种排列。所以一个不同变化的操作序列可由于应用不同而随机产生，如一个 account 实例的最小行为生存史可包括以下操作：

open+setup+deposit+[deposit|withdraw|balance summarize|creditlimit]+withdraw+close

由此可见，尽管这个操作序列是最小测试序列，但在这个序列内仍可以发生许多其他的行为。

（4）类层次的分割测试

这种测试可以减少用完全相同的方式检查类测试用例的数目。这很像传统软件测试中的等价类划分测试。分割测试又可分三种。

1）基于状态的分割，按类操作是否改变类的状态来分割（归类）。

2）基于属性的分割，按类操作所用到的属性来分割（归类）。

3）基于类型的分割，按完成的功能分割（归类）。

9.3　面向对象软件测试技术与方法

面向对象方法的使用日益普及，随之而来的面向对象软件的质量问题也越来越受到人们的重视。软件测试是提高软件质量的重要途径。但与面向对象软件的开发技术相比，面向对象软件的测试技术却仍处于初级阶段。面向对象系统与面向过程系统的测试有着许多类似之处，例如，它们都具有相同的目标——保证软件系统的正确性，不仅保证代码的正确性，也要保证系统能够完成规定的功能；它们也具有相似的过程，例如测试用例的设计、测试用例的运行、实际结果与预期结果的比较等。虽然传统测试的理论与方法有不少都可用于面向对象的测试中，但毕竟面向对象软件的开发技术和运行方式与传统的软件有着较大的区别，因此照搬传统的测试方法对于面向对象软件是不适宜的，必须针对面向对象程序的特点开发出新的测试方法。

9.3.1　分析和设计模型测试技术

面向对象软件开发的起始步骤是开发分析和设计模型。UML（统一建模语言）能在面向对象技术开发中广泛应用，也是因为构建模型能帮助开发者理解正在解决的问题；构建模型能帮助管理正在开发的系统的复杂性；分析和设计阶段建构的模型最后将对具体地实现起指导作用。如果模型的质量很高，对项目来说就很有价值；但是如果模型有错误，那么它对项目的危害就无可估量。

分析与设计模型的测试主要是对分析与设计模型进行测试，找出模型中的错误，其采用的方法是指导性审查（guided inspection）。指导性审查技术通过使用明确的测试用例，为查找工作成果中的缺陷提供了客观的、系统的方法。是一种增强了的专为检验模型的检测技巧，也可用来验证模型是否能符合项目的需求。其基本步骤如下：

（1）定义测试位置。

（2）使用特定的策略从测试位置选择测试值。

（3）将测试值应用到被测试的产品中。

（4）对测试结果以及对模型的测试覆盖率（基于某中标准）进行评估。

这些步骤经过具体化后，形成下列详细步骤：

（1）制订检查的范围和深度：范围将通过描述材料的实体或一系列详细的用例来定义。对小的项目来说，范围可以是整个模型。深度将通过指定需要测试的模型（MUT）的某种 UML 图的集合层次中的级别来定义。

（2）确定 MUT 产生的基础：除原始模型之外，所有 UMT 的基础都是前一开发阶段创建的一系列模型，比如，应用分析模型就是以域分析模型和用例模型为基础。起初模型则是基于所选择的一组人头脑里的知识。

（3）为每一个评价标准开发测试用例，标准在应用时使用基本模型的内容作为输入。这种从用户用例模型出发的方式对许多模型的测试用例来说是一个很好的出发点。

（4）为测量测试的覆盖率建立标准。比如对一个类图来说，如果图中每一个类都被测试到了，那么覆盖率就算不错了。

（5）使用合适的检查列表进行静态分析。将 MUT 与基本的模型相比较，可以确定 2 个图型之间的连贯性。

（6）"执行"测试用例。

（7）使用测试用例覆盖率衡量法对测试的效率进行评价，计算覆率率百分比。比如，测试用例"涉及"到了包含 18 个类的类图中的 12 个类，那么测试的覆盖率就是 75%。鉴于分析和设计模型的测试如此高级，以至于要达到好的结果，必须有 100%的覆盖率。

（8）如果覆盖率不充分，就要对测试进行扩充并应用额外的测试用例。否则终止正在进行的测试。通常无法在检查片断的过程中写下附加的测试用例。测试者确定哪些地方没有覆盖到，并与开发者一起确定将触及未覆盖的模型组件的潜在的测试用例。然后，测试者创建整个的测试用例并进行另一次检查。

采用指导性审查技术对分析和设计产生的文本进行正确性验证，是软件开发前期的关键性测试。

9.3.2　类测试技术

类测试与传统软件相比，面向对象程序的子过程（方法）的结构趋于简单，而方法间的耦合程度却有了较大的提高，交互过程也变得复杂，因此面向对象程序测试的重心就由对各独立过程进行的单元测试转移到了过程间的集成测试上，即测试的重点是类及类以上的各个层次。况且类是面向对象组成和运行的基本单元，对它的测试也就显得更加举足轻重。在对传统软件进行测试时，我们着眼的是程序的控制流或数据流。但对类进行测试时，则必须考虑类的对象所具有的状态，着重考查一个对象接收到一个消息序列之后，是否达到了一个正确的状态。因此类测试的重点是类内方法间的交互和其对象的各个状态,类的测试用例主要是由方法序列集和相应的成员变量的取值所组成。

类测试是由那些与验证类的实现是否和该类的说明完全一致的相关联的活动组成的。该类测试的对象主要是指能独立完成一定功能的原始类。如果类的实现正确，那么类的每一个实例的行为也应该是正确的。因此，要求被测试的类有正确且完整的描述，也就是说，要求这个类在设计阶段产生的所有要素都是正确并且完整的。

类测试与传统的单元测试的过程却大体相似，不同之处在于，传统单元测试注重单元之间的接口测试，也就是说，每个单元都有自己的输入/输出接口，在调用中如果出现严重错误，那么这些错误也是因为单元接口的实现引发的，和单元本身没有什么联系。但由于在类中内部封装了各种属性和消息传递方式，类实例化后产生的对象都有相对的生命周期和活动范围，类测试除了需要测试类中所包含的方法，还要测试类的状态，这是传统单元测试所没有的。

类是面向对象软件的核心，也是该类软件测试的重点和难点。因此有必要重点介绍一些针对类的测试方法。

1．类测试的内容

类测试的目的主要是确保一个类的代码能够完全满足类的说明所描述的要求。对一个类进行测试以确保它只做规定的事情，对此给予关注的多少，取决于提供额外行为的类相关联的风险。在运行了各种类的测试后，如果代码的覆盖率不完整，这可能意味着该类包含了额外的文档支持的行为，需要增加更多的测试用例来进行测试。

2．类测试的时间

类测试的开始时间一般在完全说明这个类，并且准备对其编码后不久，就开发一个测试计划——至少是确定测试用例的某种形式。如果开发人员还负责该类的测试，那么尤其应该如此。因为确定早期测试用例有利于开发人员理解类说明，也有助于获得独立代码检查的反馈。

类测试可以在开发过程中的不同位置进行。在递增的反复开发过程中，一个类的说明和实现在一个工程的进程中可能会发生变化，所以应该在软件的其他部分使用该类之前执行类的测试。每当一个类的实现发生变化时，就应该执行回归测试。如果变化是因发现代码中的缺陷（bug）而引起的，那么就必须执行测试计划的检查，而且必须增加或改变测试用例以测试在未来的测试期间可能出现的那些缺陷。

3. 类测试的测试人员

类测试通常由其开发人员测试，让开发人员起到测试人员的作用，就可使得必须理解类说明的人员数量减至最少。而且方便使用基于执行的测试方法，因为他们对代码极其熟悉。由同一个开发者来测试，也有一定的缺点：开发人员对类说明的任何错误理解，都会影响到测试。因此，最好要求另一个类的开发人员编写测试计划，并且允许对代码进行对立检查。这样就可以避免这些潜在的问题了。

4. 基于状态的测试

基于状态的测试以类的有限状态机模型（FSM）和其状态转换图为依据，这种模型可以由软件的代码或规约生成，也可采用如 UML 的状态图。图 9-7 所示是一个堆栈类 Stack() 的状态转换图，Stack 类共有三个状态，即 EMPTY（空）、LOADED（装载）和 FULL（满）。empty 是初态，h 是成员变量，表示栈的高度；max 是常量，表示栈的最大高度。图中箭头表示状态间的迁移，每一个迁移旁都有标注，"[]" 中的布尔表达式称为监视，它规定了该迁移发生所必须具备的条件，"ö" 的左边是一个消息，一般是类中的方法（如本例中的 push(x) 入栈或 pop() 出栈）；右边是程序作出的响应（在本例中是返回栈顶值 return(x) 或抛出异常 EmptyStackException 或 FullStackException），如图 9-7 所示。

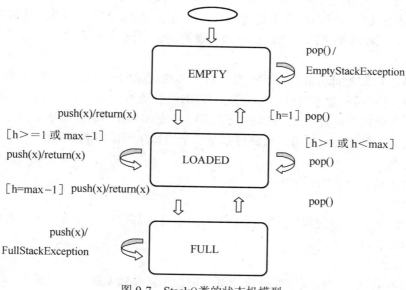

图 9-7　Stack() 类的状态机模型

采用此方法进行测试时，主要检查由初态是否能正确地到达图中的各个状态，以及各个状态之间的迁移是否能正确实现。为之生成的测试用例是由初态到达各个状态和状态间迁移的消息序列集，且该测试用例集必须满足状态图中的状态覆盖和迁移覆盖。测试时将这些消息序列发送给被测对象的初态，然后检查相应的响应序列是否正确，以及程序是否到达了状态图所规定的状态。类中成员变量以及部分方法的变量的取值由各个迁移上的监视决定。

这种方法可以充分测试类中的各个方法和可能的状态，符合类测试的特点，因此是当前类测试中用得较多、研究得也较多的方法之一，但其难点主要在于如何确定被测对象是否达到了正确的状态。许多状态机测试方法，都是为每一个状态确定一个能够将它与其他状态相区别的迁移集或迁移序列，根据这些迁移上的消息及响应序列来识别该状态，但这些方法往往较为复杂，并且经常难以奏效；另外，对于比较复杂的类，往往会产生状态爆炸的问题，UML 状态模型的分层和并发等机制也许可以解决这一问题，但还有待进一步的研究。

5. 基于方法序列的测试

面向对象程序中方法的调用是有一定次序的，如果违反了这个次序就会产生错误。方法序列规范就是这样一种规范，它规定了类中方法的执行顺序，如哪些方法必须按先后次序执行、哪些方法可以并发执行等。依据这样的规约，我们可以为类产生一些消息序列，检验这些类中的方法是否能够正确地交互。并根据一定的准则对所产生的消息序列进行划分，另外还采用颠倒次序、遗漏和冗余等方法，由正确的消息序列生成错误的消息序列，以测试程序的健壮性。由于该方法没有能够考虑类的状态，因此采用它进行的测试是不完全的。这种方法常常与其他测试方法结合使用。

6. 基于 UML 的测试

UML 为面向对象软件提供了强大的建模工具，同时它也可以作为测试的依据。下面介绍的是几种已被应用于面向对象软件测试的 UML 模型：

● 类图

类图描述了组成面向对象程序的各个类之间的关系，包括联系、聚集、重数、子类型和递归包含等。依据类图可以确定各个类之间的层次关系，从而决定对类进行测试的顺序。另外，采用类图可以生成检验类之间关系是否正确实现的测试用例。

● 顺序图

顺序图描述对象之间动态的交互关系，着重体现对象间消息传递的时间顺序，因此它可以作为类簇测试的依据。顺序图可以转换为流程图，这种流程图表示了对象间消息传递的顺序，与程序流程图在形式上极为类似，也包括了顺序、分支和循环等。采用基本路径法可导出流程图的基本路径集，路径集中的每一条路径都是一个消息序列，即测试用例。

● 状态图

通常被用在基于状态的测试中。

● 用例图

用例图一般被用在系统测试中，图中的每一个用例都可以转换为一个状态模型，然后参照状态测试的方法进行测试。

7. 基于数据流的测试

基于数据流的测试由传统的数据流测试发展而来，传统数据流测试的基本思想是：一个变量的定义，通过辗转的使用和定义，可以影响到另一个变量的值，或者影响到路径的选择等。因此，可以选择一定的测试数据，使程序按照一定的变量的定义—使用路径执行，并检查执行结果是否与预期的相符，从而发现代码的错误。这种测试思想也适用于面向对象的软件。但在类级和类簇级测试中，由于方法执行的先后次序是动态决定的，因此必须首先得到类或类簇中的正确的方法序列，测试用例则围绕这些方法序列中的类成员变量的定义－使用对产生。为一个类或类簇生成的测试用例集应能覆盖该类或类簇中所有类成员变量的定义－使用对。该方法主要着眼于类或类簇中的数据流，一般对其褒贬不一，有的认为这种测试是必不可少的，也有人认为这种方法破坏了类的封装不值得提倡。

8. 变异测试

变异测试是一种基于错误的测试方法，它主要用于检测测试用例的有效性。其方法是在程序中植入一些错误，如将算术运算中的"+"变成"-"或"3"等，称为变异子（m u tan t）。如果测试用例能检测出这个变异子，就称它被"杀掉（killed）"了，如果植入的变异子不能被有效地杀掉，则说明测试用例不够，必须增加相应的测试用例。传统的变异测试可直接用于方法测试中，但由于类和类簇等是传统程序所不具备的，所以必须为它们设计新的变异子。

9. 基于使用的测试

基于使用的测试是指在类或类簇的状态图或方法控制流图中加入有关使用的信息，即每一条路径的执行频率或其重要性，这些信息来自于系统的需求规范、设计者的经验、软件的应用环境以及类似程序的使用经验等。加入这些信息的目的是使测试者了解到程序的哪些部分使用的频率较高，以使之得到更为详尽的测试，另外应兼顾那些不是太常用但非常关键的路径，使其得到足够的测试。这种方法可以有效地指导测试用例的生成，并提高测试的效率。

10. 测试程度

可以根据已经测试了多少类实现和多少类说明来衡量测试的充分性。对于类的测试，通常需要将这两者都考虑到，希望测试到操作和状态转换的各种组合情况。一个对象能维持自己的状态，而状态一般来说也会影响操作的含义。但要穷举所有组合是不可能的，而且是没必要的。因此，就应该结合风险分析进行选择配对，以至达到使用最重要的测试用例并抽取部分不太重要的测试用例。

11. 类测试的范围

（1）对认定的类的测试

OOD 认定的类可以是 OOA 中认定的对象，也可以是对象所需要的服务的抽象、对象所具有的属性的抽象。认定的类原则上应该尽量基础性，这样才便于维护和重用。测试认定的类：

- 是否含盖了 OOA 中所有认定的对象；
- 是否能体现 OOA 中定义的属性；
- 是否能实现 OOA 中定义的服务；
- 是否对应着一个含义明确的数据抽象；
- 是否尽可能少的依赖其他类；
- 类中的方法（C++：类的成员函数）是否单用途。

（2）对构造的类层次结构的测试

为能充分发挥面向对象的继承共享特性，OOD 的类层次结构通常基于 OOA 中产生的分类结构的原则来组织，着重体现父类和子类间的一般性和特殊性。在当前的问题空间，对类层次结构的主要要求是能在解空间构造实现全部功能的结构框架。为此，测试如下方面：

- 类层次结构是否涵盖了所有定义的类；
- 是否能体现 OOA 中所定义的实例关联；

- 是否能实现 OOA 中所定义的消息关联；
- 子类是否具有父类没有的新特性；
- 子类间的共同特性是否完全在父类中得以体现。

（3）对类库支持的测试

对类库的支持虽然也属于类层次结构的组织问题，但其强调的重点是再次软件开发的重用。由于它并不直接影响当前软件的开发和功能实现，因此，将其单独提出来测试，也可作为对高质量类层次结构的评估。参照[9]中提出的准则，拟订测试点如下：

- 一组子类中关于某种含义相同或基本相同的操作，是否有相同的接口（包括名字和参数表）；
- 类中方法（C++：类的成员函数）功能是否较单纯，相应的代码行是否较少（[5]中建议为不超过 30 行）；
- 类的层次结构是否是深度大，宽度小。

9.3.3 类层次结构测试技术

继承作为代码复用的一种机制，可能是面向对象软件开发产生巨大吸引力的一个重要因素。继承由扩展、覆盖和特例化三种基本机制实现。其中，扩展是子类自动包含父类的特征；覆盖是子类中的方法与父类中的方法有相同的名字、消息参数以及相同的接口，但方法的实现不同；特例化是子类中特有的方法和实例变量。好的面向对象程序设计要求通过非常规范的方式使用继承，即代码替代原则。在这种规则下，为一个类确定的测试用例集对该类的子类也是有效的。因此，额外的测试用例通常应用于子类。通过仔细分析，根据父类定义的子类的增量变化，有时候，子类中的某些部分可以不做执行测试。因为应用于父类中的测试用例所测试的代码被子类原封不动地继承，是同样的代码。

类的层次结构测试就是用来测试类的继承关系的技术，主要是用来测试层次关系的一系列类（包括父类和子类）。其测试的方法有用于测试子类的分层增量测试和用于测试父类的抽象类测试。

1. 分层增量测试

```
C
D
Void op1 ( );
Void op2 ( );
Void op2 ( );
Void open ( );
Newvar type;
```

说明如下：

子类 D 添加了一个新的实例变量（NewVar）和一个新的操作（newop( )）。D 重载了 C 中定义的方法 op2()，因为该操作在 D 中有新的规范或操作的实现。

分层增量测试（Hierarchical Incremental Testing, HIT）指通过分析来确定子类的哪些测试用例需要添加，哪些继承的测试用例需要运行，以及哪些继承的测试用例不需要运行的测试方法。展示了 C 类及其派生类 D 类，以及它们之间的增量变化。C 类及其派生类 D 类间的增量变化能够用来帮助确定需要在 D 中测试什么。

由于 D 类是 C 类的子类，则所有用于 C 类的基于规范的测试用例也都适用于 D 类。那么，哪些继承的测试用例（用于子类的测试用例）适用于子类的测试？哪些又不必在子类中执行呢？要解决以上问题，可对子类进行增量分析。可能情况如下：

（1）D 的接口中添加一个或多个新的操作，并且有可能 D 中的一个新方法实现一个新操作。新的操作引入了新的功能和新的代码，这些都需要测试。如果操作不是抽象的并且有具体的实现，那么为了合乎测试计划中的覆盖标准，需要添加基于规范和基于交互的测试用例。

（2）通过两种方式改变由 C 申明的操作的规范和实现：①在 D 中改变那些在 D 中申明的操作规范；②在 D 中覆盖那些在 C 中实现了某个操作并且被 D 继承了的方法。

（3）在 D 中添加一个或多个实例变量来实现更多的状态和属性。新添的变量最有可能与新的操作和重载方法中的代码有关，而且对测试的处理也与它们有关。如果新的变量没有在任何地方使用，那么就不必做任何的变化。

（4）在 D 中改变类常量。类常量组成每个侧使用例的附加的后置条件，并且"类常量句柄"在每个测试用例输出中是显示的。因此，如果类常量变化了，就需要重新运行所有继承的测试用例以验证常量句柄。

从基类派生出派生类时，不必为那些未经变化的操作添加基于规范的测试用例，测试用例能够不加修改地复用。如果测试的操作没有以任何方式加以修改，就不必运行这些测试用例中的任何一个。但是，如果一个操作的方法被间接地修改了，不但需要重新运行那些操作的任何一个测试用例，还需要运行附加的基于实现的测试用例。

2. 抽象类测试

对类基于执行的测试时，需要建构一个类的实例。然而，一个继承体系的根类通常是抽象的，许多编程语言在语义上不允许建构抽象类的实例。这为抽象类的测试带来了很大的困难。在此，提出三种测试抽象类的方法：

（1）需要测试的抽象类单独定义一个具体的子类。通过对具体子类创建的实例测试，来完成对抽象类的测试。这种方法的缺点是，如果不是用多层继承，抽象类的方法的实现就不能轻易地传递给抽象子类。但是大部分面向对象的编程语言都不支持多重继承，而且不提倡将多重继承用在这些方面。

（2）将抽象类作为测试第一个具体子孙的一部分进行测试。这种方法不需要开发额外的用于测试的目的类，但需要考虑到为每一个祖先提供恰当的、正确的测试用例和测试脚本方法，而增加了测试具体类的复杂性。

（3）以对用于测试目的的抽象类的具体版本作直接实现，尝试找到一种为类编写源代码的方法，从而使得该类可以作为一个抽象或具体类而很容易地编译。然而，不管是基于编辑遗产方案还是基于条件编译的方案都没有产生好的结果。因为合成代码都很复杂，而且难以阅读，很容易出错。

9.3.4 对象交互测试技术

面向对象的软件是由若干对象组成的，通过这些对象的相互协作来解决某些问题。对象的交互和写作方式决定了程序能做什么，从而决定了这个程序执行的正确性。也许可信任的原始类的实例不包含任何错误，但是如果那个实例的服务不被其他程序组件正确使用的话，那么这个程序也就包含了错误。因此，程序中对象的正确协作（即交互）对于程序的正确性是非常关键的。

对象的交互测试的重点是确保对象（这些对象的类已经被单独测试过）的消息传送能够正确进行。交互测试的执行可以使用嵌入到应用程序中的交互对象，或者在独立的测试工具（例如一个 Tester 类）提供环境中，交互测试通过使得该环境中的对象相互交互而执行。

根据类的类型可以将对象交互测试分为汇集类测试和协作类测试。

1．汇集类测试

汇集类指的是这样的一种类，这些类在它们的说明中使用对象，但是实际上从不和这些对象中的任何一个进行协作，即他们从不请求这些对象的服务。相反，它们会表现出以下的一个或多个行为：

● 存放这些对象的引用（或指针），通常表现程序中的对象之间一对多的关系。

● 创建这些对象的实例。

● 删除这些对象的实例。

可以使用测试原始类的方法来测试汇集类，测试驱动程序要创建一些实例，作为消息中的参数被传送给一个正在测试的集合。测试用例的中心目的主要是保证那些实例被正确加入集合和被正确地从集合中移出，以及测试用例说明的集合对其容量有所限制。因此，每个对象的准确的类（这些对象是用在汇集类的测试中）在确定汇集类的正确操作是不重要的，因为在一个集合实例和集合中的对象之间没有交互。假如在实际应用中可能要加入 40 到 50 条信息，那么生成的测试用例至少要增加 50 条信息。如果无法估计出一个有代表性的上限，就必须使用集合中大量的对象进行测试。

如果汇集类不能为增加的新元素分配内存，就应该测试这个汇集类的行为，或者是可变数组这一结构，往往一次就为若干条信息分配空间。在测试用例的执行期间，可以使用异常机制，帮助测试人员限制在测试用例执行期间可得到的内存容量的分配情况。如果已经使用了保护设计方法，那么，测试系列还应该包括否定系列。即当某些集合已拥有有限的制定容量，并且有实际的限制，则应该用超过指定的容量限制的测试用例进行测试。

2．协作类的测试

凡不是汇集类的非原始类（原始累即一些简单的、独立的类，这些类可以用类测试方法进行测试）就是协作类。这种类在它们的一个或多个操作中使用其他的对象，并将其作为它们的实现中不可缺少的一部分。当接口中的一个操作的某个后置条件引用了一个协作类的对象的实例状态，则说明那个对象的属性被使用或修改了。由此可见，协作类的测试的复杂性远远高于汇集类或者原始类测试的复杂性，鉴于协助类的测试需要根据具体的情况来定。

9.4　面向对象软件测试用例设计

传统软件测试用例设计是从软件的各个模块的算法细节得出的，而 OO 软件测试用例则着眼于适当的操作序列，以实现对类的说明。

黑盒子测试不仅适用于传统软件，也适用 OO 软件测试。白盒子测试也用于 OO 软件类的操作定义。但 OO 软件中许多类的操作结构简明，所以有人认为在类层上测试可能要比传统软件中的白盒子测试方便。

　　OO 测试用例设计包含 OO 概念，在 OO 度量中所讲的五个特性（局域性、封装性、信息隐藏、继承性和对象的抽象）肯定会对用例设计带来额外的麻烦和困难。Berard 提出了一些测试用例的设计方法，主要原则包括：

　　（1）每个测试用例应当给予特殊的标识，并且还应当与测试的类有明确的联系。

　　（2）测试目的应当明确。

　　（3）应当为每个测试用例开发一个测试步骤列表。这个列表应包含以下一些内容：

　　1）列出所要测试对象的专门说明；

　　2）列出将要作为测试结果运行的消息和操作；

　　3）列出测试对象可能发生的例外情况；

　　4）列出外部条件（即为了正确对软件进行测试所必须有的外部环境的变化）；

　　5）列出为了帮助理解和实现测试所需要的附加信息。

　　要对类进行测试，就必须先确定和构建类的测试用例。类的描述方法有 OCL、自然语言和状态图等方法，可以根据类说明的描述方法构件类的测试用例。因而，构建类的测试用例的方法有：根据类的说明（用 OCL 表示）确定测试用例和根据类的状态转换图来构建类的测试用例。

　　1. 根据类的说明确定测试用例

　　用 OCL 表示的类的说明中描述了类的每一个限定条件条件。在 OCL 条件下分析每个逻辑关系，从而得到由这个条件的结构所对应的测试用例。这种确定类的测试用例的方法叫做根据前置条件和后置条件构建测试用例。其总体思想是：为所有可能出现的组合情况确定测试用例需求。在这些可能出现的组合情况下，可满足前置条件，也能够到达后置条件。根据这些需求，创建测试用例；创建拥有特定输入值（常见值和特殊值）的测试用例；确定它们的正确输出——预期输出值。

　　根据前置条件和后置条件，创建测试用例的基本步骤如下：

　　（1）确定在表 9-1 中与前置条件形成相匹配的各个项目所指定的一系列前置条件的影响。

表 9-1　前置条件对测试系列的影响

前置条件	影响	
True	(true、post)	
A	(A、post)	
	(not A、exception)	*
Not A	(not A、post)	
	(A、exception)	*
A and B	(A and B、post)	
	(not A and B、exception)	*
	(A and not B、exception)	*
	(not A and not B、exception)	*
A or B	(A、post)	
	(B、post)	
	(A and B、post)	
	(not A and not B、post)	

前置条件	影响	
A xor B	(not A and B、post)	
	(A and not B、post)	
	(A and B、exception)	*
	(not A and not B、exception)	*
A implies B	(not A、post)	
	(B、post)	
	(not A and B、post)	
	(A and not B、exception)	*
if A then B else C endif	(A and B、post)	
	(not A and C、post)	
	(A and not B、exception)	*
	(not A and not C、exception)	*

注：（1）A、B、C 代表用 OCL 表示的组件。

（2）假如类说明中的保护性设计方法是隐式的，那么也必须对那些标记有*的测试用例进行阐述。如果保护性设计方法在类的说明中是显式出现的，那么测试用例也就确定了。

（2）确定在表 9-2 中与后置条件形成相匹配的各个项目所指定的一系列前置条件的影响。

表 9-2　后置条件对测试系列的影响

后置条件	影响
A	(pre；A)
A and B	(pre；A and B)
A or B	(pre；A)
	(pre；B)
	(pre；A or B)
A xor B	(pre；not A or B)
	(pre；A or not B)
A implies B	(pre；not A or B)
if A then B else C endif	(pre and *；B)
	(pre and not *；C)

注：（1）A、B、C 代表用 OCL 表示的组件。

（2）对于"if A then B else C endif"这个后置条件，假如测试用例不会对表达式 A 产生影响，那么在用这个后置条件时，*＝A else * 就是使得 A 为真的一个条件。

（3）根据影响到列表中各个项目的所有可能的组合情况，从而构造测试用例需求。一种简单的方法就是：用第一个列表中的每一个输入约束来代替第二个列表中的每一个前置条件。

（4）排除表中生成的所有无意义的条件。

2. 根据状态转换图构建测试用例

状态转换图以图例的形式说明了与一个类的实例相关联的行为。状态转换图可用来补充编写的类说明或者构成完整的类说明。状态图中的每一个转换都描述了一个或多个测试用例需求。因而，可以通过在转换的每一端选择有代表性的值和边界来满足这些需求。如果转换是受保护的，那么也应该为这些保护条件选择边界。状态的边界值取决于状态相关属性值的范围，可以根据属性值来定义每一个状态。

由此可见，与根据前置条件和后置条件创建类的测试用例相比，根据状态转换图创建类的测试用例有非常大的优势。在类的状态图中，类相关联的行为非常明显和直观，测试用例的需求直接来自于状态转换，因而很容易确定测试用例的需求。不过基于状态图的方法也有其不利的方面。如要完全理解怎样根据属性值来定义状态；事件是如何在一个给定的状态内影响特定值等。这都很难仅从简单的状态图中确定。因此，在使用基于状态转换图进行测试时，务必在生成测试用例时检查每个状态转换的边界值和预期值。

9.5　面向对象测试基本步骤

9.5.1　单元测试

面向对象测试计划完成以后，就可以进行单元测试了。与传统的单元（模块）不同，OO 中的单元是类。每个类都封装了属性（数据）和管理这些数据的操作。一个类可以包含许多不同的操作，一个特殊的操作可以出现在许多不同的类中。

传统的单元测试只能测试一个操作（功能）。而在 OO 单元测试中，一个操作功能只能作为一个类的一部分，类中有多个操作（功能），就要进行多个操作的测试。

另外，父类中定义的某个操作被许多子类继承。但在实际应用中，不同子类中某个操作在使用时又有细微的不同，所以还必须对每个子类中的某个操作进行测试。

类的测试可以使用多种方法，如基于故障的测试、随机测试和分割测试等。每一种方法都要检查封装在类中的操作，即设计的测试序列（用例），要保证相关的操作被检查。因为类的属性值表示类的状态，由此来确定被检查的错误是否存在。

9.5.2　组装测试

传统软件的层次模块间存在着控制关系，而 OO 软件没有层次控制结构。所以传统的自顶向下和自底向上的组装策略在 OO 软件组装测试中就没有意义了。

另外，一个类每次组装一个操作（传统软件的增量法）在 OO 软件组装中是不够的，因为组成类的各个成分之间存在着直接或间接的交互作用。OO 软件的组装测试有两种不同的策略：

（1）基于线程测试（thread-based-testing）

基于线程的测试就是把合作对应一个输入或事件的类集合组装起来，也就是用响应系统的一个输入或一个事件的请求来组装类的集合。对每个线程都要分别进行组装和测试。

（2）基于使用测试（use-based-testing）

基于使用的测试就是按分层来组装系统，可以先进行独立类的测试。在独立类测试之后，下一个类的层次叫从属类。从属类用独立类进行测试。这种从属类层的顺序测试直到整个系统构造完成。传统软件使用驱动程序和连接程序作为置换操作，而 OO 软件一般不用。

OO 系统组装时，还必须进行类间合作（强调上下级关系）的测试。类的合作测试与单个类测试相似，可用随机应用和分割测试来完成。还可以用基于脚本测试和行为模型导出的测试进行。

9.5.3 确认测试

确认测试是在系统层进行测试，因此类间的联系细节出现了。与传统软件一样，OO 软件确认测试也主要集中在用户可见活动和用户可识别的系统输出上，所以 OO 软件也使用传统软件的黑盒子测试方法。确认测试大多使用基于脚本（scenarios）的测试，因而使用用例成为确认测试的主要驱动器。

9.6　面向对象测试工具 JUnit

通过前面介绍，我们对面向对象测试有了一定了解，如果想提高面向对象测试的效率，那么应该选择一个合适与面向对象的测试工具，下面主要介绍用于测试由 java 语言编写的面向对象程序的测试工具 JUnit。

9.6.1　JUnit 简介

JUnit 是一个开源的 Java 单元测试框架。在 1997 年，由 Erich Gamma 和 Kent Beck 开发完成。Erich Gamma 是 GOF 之一；Kent Beck 则在 XP 中有重要的贡献。单击 http://www.junit.org 可以下载到最新版本的 JUnit。

这样，在系统中就可以使用 JUnit 编写单元测试代码了。

"麻雀虽小，五脏俱全。"JUnit 设计得非常小巧，但是功能却非常强大。

下面是 JUnit 一些特性：

- 提供的 API 可以让你写出测试结果明确的可重用单元测试用例；
- 提供了三种方式来显示你的测试结果，而且还可以扩展；
- 提供了单元测试用例成批运行的功能；
- 超轻量级且使用简单，没有商业性的欺骗和无用的向导；
- 整个框架设计良好，易扩展。

对不同性质的被测对象，如 Class、JSP、Servlet、Ejb 等，JUnit 有不同的使用技巧。下面以类测试为例加以介绍。

9.6.2　JUnit 的安装和配置

（1）将下载的 JUnit 压缩包解压到一个物理目录中（例如 E:\Junit3.8.1）。

（2）记录 JUnit.jar 文件所在目录名（例如 E:\Junit3.8.1\Junit.jar）。

（3）进入操作系统（以 Windows 2000 操作系统为例），按照次序单击"开始"→"设置"→"控制面板"命令。在控制面板选项中选择"系统"，单击"环境变量"，在"系统变量"的"变量"列表框中选择"CLASS-PATH"关键字（不区分大小写），如果该关键字不存在，则要添加。双击"CLASS-PATH"关键字添加字符串"E:\Junit3.8.1\Junti.jar"（注意，如果已有其他字符串请，在该字符串的字符结尾加上分号"；"），然后单击"确定"按钮，JUnit 就可以在集成环境中应用了。

9.6.3　JUnit 中常用的接口和类

1．Test 接口（运行测试和收集测试结果）

Test 接口使用了 Composite 设计模式，是单独测试用例 （TestCase）、聚合测试模式（TestSuite）及测试扩展（TestDecorator）的共同接口。它的 public int countTestCases()方法用来统计这次测试有多少个 TestCase，另外一个方法就是 public void run（TestResult），TestResult 是实例接受测试结果，run 方法执行本次测试。

2．TestCase 抽象类（定义测试中的固定方法）

TestCase 是 Test 接口的抽象实现（不能被实例化，只能被继承），其构造函数 TestCase(string name)根据输入的测试名称 name 创建一个测试实例。由于每一个 TestCase 在创建时都要有一个名称，若某测试失败了，便可识别出是哪个测试失败。

TestCase 类中包含的 setUp()和 tearDown()方法。setUp()方法集中初始化测试所需的所有变量和实例，并且在依次调用测试类中的每个测试方法之前再次执行 setUp()方法。tearDown()方法则是在每个测试方法之后，释放测试程序方法中引用的变量和实例。

开发人员编写测试用例时，只需继承 TestCase 来完成 run 方法即可，然后 JUnit 获得测试用例，执行它的 run 方法，把测试结果记录在 TestResult 之中。

3．Assert 静态类（系列断言方法的集合）

Assert 包含了一组静态的测试方法，用于期望值和实际值比对是否正确，如果测试失败，Assert 类就会抛出一个 AssertionFailedError 异常，JUnit 测试框架将这种错误归入 Failes 并加以记录，同时标识为未通过测试。如果该类方法中指定一个 String 类型的传递参数，则该参数将被作为 AssertionFailedError 异常的标识信息，告诉测试人员改异常的详细信息。

JUnit 提供了六大类 31 组断言方法，包括基础断言、数字断言、字符断言、布尔断言、对象断言。其中 assertEquals（Object expcted,Object actual）内部逻辑判断使用 equals()方法，这表明断言两个实例的内部哈希值是否相等时，最好使用该方法对相应类实例的值进行比较。而 assertSame（Object expected,Object actual）内部逻辑判断使用了 Java 运算符"=="，这表明该断言判断两个实例是否来自于同一个引用（Reference），最好使用该方法对不同类的实例的值进行比对。asserEquals（String message,String expected,String actual）方法对两个字符串进行逻辑比对，如果不匹配则显示着两个字符串有差异的地方。ComparisonFailure 类提供两个字符串的比对，不匹配则给出详细的差异字符。

4．TestSuite 测试包类（多个测试的组合）

TestSuite 类负责组装多个 Test Cases。待测的类中可能包括了对被测类的多个测试，而 TestSuit 负责收集这些测试，使我们可以在一个测试中完成全部的对被测类的多个测试。

TestSuite 类实现了 Test 接口，且可以包含其他 TestSuites。它可以处理加入 Test 时所有抛出的异常。

TestSuite 处理测试用例有 6 个规约（否则会被拒绝执行测试）：

● 测试用例必须是公有类（Public）；

● 测试用例必须继承于 TestCase 类；

- 测试用例的测试方法必须是公有的（Public）；
- 测试用例的测试方法必须被声明为 Void；
- 测试用例中测试方法的前置名词必须是 test；
- 测试用例中测试方法无任何传递参数。

5．TestResult 结果类和其他类与接口

TestResult 结果类集合了任意测试累加结果，通过 TestResult 实例传递给每个测试的 Run()方法。TestResult 在执行 TestCase 时，如果失败会异常抛出 TestListener 接口是个事件监听规约，可供 TestRunner 类使用。它通知 listener 的对象相关事件，方法包括测试开始 startTest(Test test)、测试结束 endTest(Test test)、错误、增加异常 addError(Test test,Throwable t)和增加失败 addFailure(Test test,AssertionFailedError t)。TestFailure 失败类是个"失败"状况的收集类，解释每次测试执行过程中出现的异常情况。其中 toString()方法返回"失败"状况的简要描述。

9.6.4 用 JUnit 进行类测试实例

我们就以一个简单的例子入手。这是一个只会做两数加减的超级简单的计算器的 Java 类程序代码：

```
public class SampleCalculator
{
    public int add(int augend ,int addend)
    {
        return augend + addend;
    }
    public int subtration(int minuend,int subtrahend)
    {
        return minuend - subtrahend;
    }
}
```

将上面的代码编译通过。下面就是为上面程序写的一个单元测试用例（请注意这个程序里面类名和方法名的特征）：

```
import junit.framework.TestCase;
public class TestSample extends TestCase
{
    public void testAdd()
    {
    SampleCalculator calculator = new SampleCalculator();
    int result = calculator.add(50,20);
    assertEquals(70,result);
    }
    public void testSubtration();
    {
    SampleCalculator calculator = new SampleCalculator();
    int result = calculator.subtration(50,20);
    assertEquals(30,result);
    }
}
```

　　然后在 DOS 命令行里面输入 javac TestSample.java 将测试类编译通过。再输入 java junit.swingui.TestRunner TestSample 运行测试类，将会看到测试结果。绿色说明单元测试通过，没有错误产生；如果是红色的，则说明测试失败了。这样一个简单的单元测试就完成了。

　　按照框架规定：编写的所有测试类必须继承自 junit.framework.TestCase 类；里面的测试方法命名应该以 Test 开头，必须是 public void 而且不能有参数；为了测试查错方便，尽量一个 TestXXX 方法对一个功能单一的方法进行测试；使用 assertEquals 等 junit.framework.TestCase 中的断言方法来判断测试结果正确与否。经过简单的类测试学习，就可以编写标准的类测试用例了。

小　　结

　　面向对象技术在软件工程中的推广和使用，使得传统的结构化测试技术和方法受到了极大的冲击。面向对象软件测试是面向对象软件开发中不可缺少的一环，是保证面向对象软件质量和可靠性的关键技术之一。目前面向对象软件测试技术的研究与面向对象的分析、设计技术以及面向对象程序设计语言的研究相比，尚显得比较薄弱。为此，通过传统软件测试和面向对象软件测试的比较，分析了面向对象软件测试是软件测试行业发展的必然性。进而又详细描述了面向对象软件测试的方法和策略。最后较为详细地阐述了类测试的概念和方法。

习　　题

1. 名词解释：面向对象、消息、封装性、继承性、多态性、类测试。
2. 简述面向对象的基本概念及特点。
3. 面向对象测试与传统测试有哪些区别和联系？
4. 简述面向对象测试步骤。
5. 什么是类测试？主要方法是什么？

第 10 章　Web 网站测试

本章概述：

Web 网站测试是面向因特网 Web 页面的测试。众所周知，因特网网页是由文字、图形、声音、视频和超级链接等组成的文档。网络客户端用户通过在浏览器中的操作，搜索浏览所需要的信息资源。

针对 Web 网站这一特定类型软件的测试，包含了许多测试技术，如功能测试、压力/负载测试、配置测试、兼容性测试、安全性测试等。黑盒测试、白盒测试、静态测试和动态测试都有可能被采用。

10.1　Web 网站的测试

随着互联网的快速发展和广泛应用，Web 网站已经应用到政府机构、企业公司、财经证券、教育娱乐等各个方面，对我们的工作和生活产生了深远的影响。正因为 Web 能够提供各种信息的连接和发布，并且内容易于被终端用户存取，使得其非常流行、无所不在。现在，许多传统的信息和数据库系统正在被移植到互联网上，复杂的分布式应用也正在 Web 环境中出现。

基于 Web 网站的测试是一项重要、复杂并且富有难度的工作。Web 测试相对于非 Web 测试来说是更具挑战性的工作，用户对 Web 页面质量有很高的期望。基于 Web 的系统测试与传统的软件测试不同，它不但需要检查和验证是否按照设计所要求的项目正常运行，而且还要测试系统在不同用户的浏览器端的显示是否合适。另外，还要从最终用户的角度进行安全性和可用性测试。然而，因特网和 Web 网站的不可预见性使测试基于 Web 的系统变得困难。因此，我们需要研究基于 Web 网站的测试方法和技术。

针对 Web 的测试方法，应该尽量覆盖 Web 网站的各个方面，测试技术方面在继承传统测试技术的基础上要结合 Web 应用的特点。

基于 Web 的系统测试与传统的软件测试既有相同之处，也有不同的地方，对软件测试提出了新的挑战。基于 Web 的系统测试不但需要检查和验证是否按照设计的要求运行，而且还要评价系统在不同用户的浏览器端的显示是否合适。更需要从最终用户的角度进行安全性和可用性测试。

通常 Web 网站测试的内容包含以下方面：功能测试、性能测试、安全性测试、可用性/易用性测试、配置和兼容性测试、数据库测试、代码合法性测试、完成测试。

实际上，Web 网页各种各样，可以针对具体情况选用不同的测试方法和技术。例如，图 10-1 是一个典型的 Web 网页，具有各种可测试特性。而图 10-2 是一个简单的网站首页，界面直观，仅由简单的文字、图片和链接组成，测试起来并不困难。

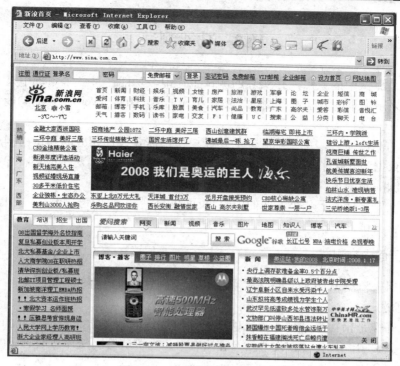

图 10-1　一个典型的 Web 网页

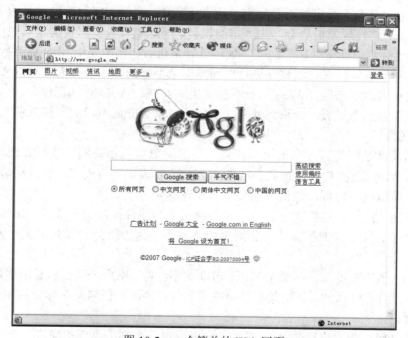

图 10-2　一个简单的 Web 网页

　　本章将从功能测试、性能测试、安全性测试、可用性/易用性测试、配置和兼容性测试、数据库测试、代码合法性测试和完成测试几个方面讨论了基于 Web 的系统测试方法。

10.2　功能测试

功能测试是测试中的重点，在实际的测试工作中，功能在每一个系统中具有不确定性，而我们不可能采用穷举的方法进行测试。测试工作的重心在于 Web 站点的功能是否符合需求分析的各项要求。

对于网站的测试而言，每一个独立的功能模块都需要设计相应的测试用例进行测试。功能测试的主要依据为《需求规格说明书》及《详细设计说明书》。对于应用程序模块则要采用基本路径测试法的测试用例进行测试。

功能测试主要包括以下几个方面的内容：页面内容测试、页面链接测试、表单测试、Cookies 测试、设计语言测试。

10.2.1　页面内容测试

内容测试用来检测 Web 应用系统提供信息的正确性、准确性和相关性。

（1）正确性

信息的正确性是指信息是真实可靠的还是胡乱编造的。例如，一条虚假的新闻报道可能引起不良的社会影响，甚至会让公司陷入麻烦之中，也可能惹上法律方面的问题。

（2）准确性

信息的准确性是指网页文字表述是否符合语法逻辑或者是否有拼写错误。在 Web 应用系统开发的过程中，开发人员可能不是特别注重文字表达，有时文字的改动只是为了页面布局的美观。可怕的是，这种现象恰恰会产生严重的误解。因此测试人员需要检查页面内容的文字表达是否恰当。这种测试通常使用一些文字处理软件来进行，例如使用 Microsoft Word 的"拼音与语法检查"功能。但仅仅利用软件进行自动测试是不够的，还需要人工测试文本内容。

另外，测试人员应该保证 Web 站点看起来更专业些。过分地使用粗斜体、大号字体和下划线可能会让人感到不舒服，一篇到处是大字体的文章会降低用户的阅读兴趣。

（3）相关性

信息的相关性是指能否在当前页面找到与当前浏览信息相关的信息列表或入口，也就是一般 Web 站点中所谓的"相关文章列表"。测试人员需要确定是否列出了相关内容的站点链接。如果用户无法单击这些地址，他们可能会觉得很迷惑。

页面文本测试还应该包括文字标签，它为网页上的图片提供特征描述。图 10-3 给出一个文字标签的例子。当用户把鼠标移动到网页的某些图片时，就会立即弹出关于图片的说明性语言。

大多数浏览器都支持文字标签的显示，借助文字标签，用户可以很容易地了解图片的语义信息。进行页面内容测试时，如果整个页面充满图片，却没有任何文字标签说明，那么会影响用户的浏览效果。

网上店面是现在非常流行的 Web 网站，这里设定一个网上小百货商店作为例子，并为其设计测试用例。

网上商店有多种商品类别供用户选择，用户选中商品后放入购物车。当选完商品，应用程序自动生成结账单，用户就可以进行网上支付、购买商品了。

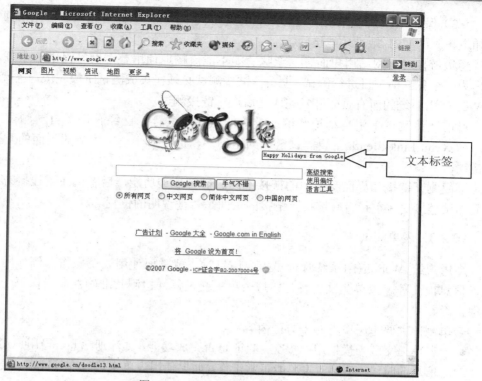

图 10-3　网页中的文字标签

　　本章除了数据库测试用例外，其他测试用例都是以网上商店为实例设计的，在下面的各小节中不再重复说明。

　　页面内容测试用例如表 10-1 所示。

表 10-1　页面内容测试用例示例

测试用例号	操作描述	数据	期望结果	实际结果
10.1	搜索某种类别的商品	搜索类别=	搜索结果中列出该类别的所有商品	一致/不一致
10.2	让鼠标滑过每一个对象	受测对象=	当鼠标滑过每个对象时，显示相应的文本信息	一致/不一致

10.2.2　页面链接测试

　　链接是使用户可以从一个页面浏览到另一个页面的主要手段，是 Web 应用系统的一个主要特征，它是在页面之间切换和指导用户去一些不知道地址的页面的主要手段。链接测试需要验证三个方面的问题：

　　（1）用户单击链接是否可以顺利地打开所要浏览的内容，即链接是否按照指示的那样确实链接到了要链接的页面。

　　（2）所要链接的页面是否存在。实际上，好多不规范的小型站点，其内部链接都是空的，这让浏览者感觉很不舒服。

（3）保证 Web 应用系统上没有孤立的页面。所谓孤立页面是指没有链接指向该页面，只有知道正确的 URL 地址才能访问。

超级链接对于网站用户而言，意味着能不能流畅地使用整个网站提供的服务，因而链接将作为一个独立的项目进行测试。另外，链接测试必须在集成测试阶段完成，也就是说，在整个 Web 应用系统的所有页面开发完成之后进行链接测试。

目前链接测试采用自动检测网站链接的软件来进行，已经有许多自动测试工具可以采用。如 Xenu Link Sleuth 主要测试链接的正确性，但是对于动态生成的页面的测试会出现一些错误。

页面测试链接和界面测试中的链接不同，前者注重功能，后者更注重连接方式和位置。页面测试链接更注重是否有链接、链接的页面是否是说明的位置等。

10.2.3 表单测试

当用户给 Web 应用系统管理员提交信息时，就需要使用表单操作，例如用户注册、登录、信息提交等。表单测试主要是模拟表单提交过程，检测其准确性，确保每一个字段在工作中正确。

表单测试主要考虑以下几个方面内容：

- 表单提交应当模拟用户提交，验证是否完成功能，如注册信息。当用户通过表单提交信息的时候，都希望表单能正常工作。如果使用表单来进行在线注册，要确保提交按钮能正常工作，注册完成后应返回注册成功的消息。
- 要测试提交操作的完整性，以校验提交给服务器的信息的正确性。例如：个人信息表中，用户填写的出生日期与职称是否恰当，填写的所属省份与所在城市是否匹配等。如果使用了默认值，还要检验默认值的正确性。如果表单只能接受指定的某些值，则也要进行测试。例如：只能接受某些字符，测试时可以跳过这些字符，看系统是否会报错。
- 使用表单收集配送信息时，应确保程序能够正确处理这些数据。要测试这些程序，需要验证服务器能正确保存这些数据，而且后台运行的程序能正确解释和使用这些信息。
- 要验证数据的正确性和异常情况的处理能力等，注意是否符合易用性要求。
- 在测试表单时，会涉及到数据校验问题。如果根据已定规则需要对用户输入进行校验，需要保证这些校验功能正常工作。例如，省份的字段可以用一个有效列表进行校验。在这种情况下，需要验证列表完整而且程序正确调用了该列表（例如在列表中添加一个测试值，确定系统能够接受这个测试值）。
- 提交数据、处理数据等。如果有固定的操作流程可以考虑自动化测试工具的录制功能，编写可重复使用的脚本代码，可以在测试、回归测试时运行，以便减轻测试人员工作量。

图 10-4 则是一个比较复杂的表单例子，用户填写个人信息，提交后可以申请 YAHOO 的免费信箱。

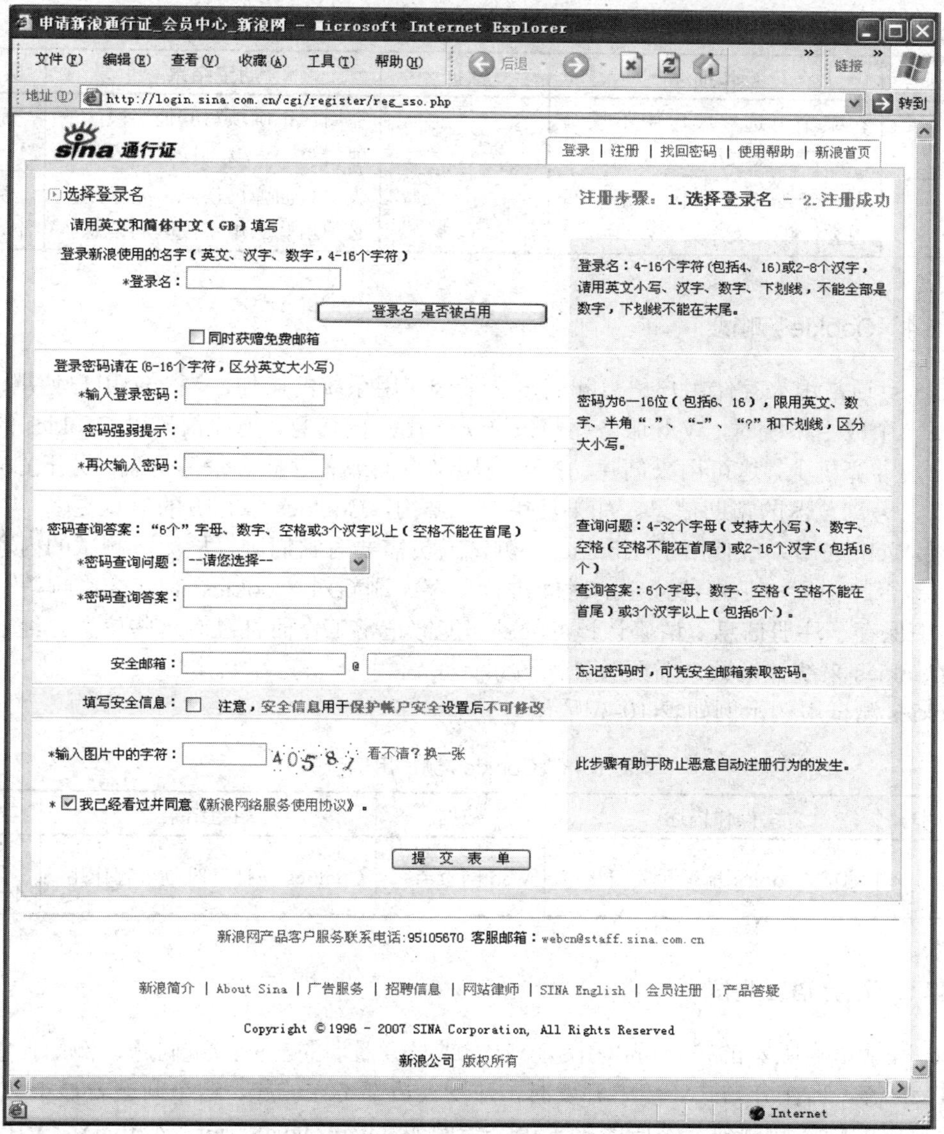

图 10-4　表单示例

表单测试用例如表 10-2 所示。

表 10-2　表单测试用例示例

测试用例号	操作描述	数据	期望结果	实际结果
10.3	使用 TAB 键从一个字段区跳到下一个字段区	开始字段区＝	字段按正确的顺序移动	一致/不一致
10.4	输入字段所能接受的最长的字符串	字段名＝ 字符串＝	字段区能够接受输入	一致/不一致
10.5	输入超出字段所能接受的最大长度的字符串	字段名＝ 字符串＝	字段区拒绝接受输入的字符	一致/不一致

测试用例号	操作描述	数据	期望结果	实际结果
10.6	在某个可选字段区中不填写内容，提交表单	字段名＝	在用户正确填写其他字段区的前提下，Web 程序接受表单	一致/不一致
10.7	在一个必填字段区中不填写内容，提交表单	字段名＝	表单页面弹出信息，要求用户必须填写必填字段区的信息	一致/不一致

10.2.4　Cookies 测试

Cookies 通常用来存储用户信息和用户在某个应用系统的操作，当一个用户使用 Cookies 访问了某一个应用系统时，Web 服务器将发送关于用户的信息，把该信息以 Cookies 的形式存储在客户端计算机上，这可用来创建动态和自定义页面或者存储登录等信息。关于 Cookies 的使用可以参考浏览器的帮助信息。如果使用 B/S 结构，Cookies 中存放的信息更多。

如果 Web 应用系统使用了 Cookies，测试人员需要对它们进行检测。测试的内容可包括 Cookies 是否起作用、是否按预定的时间进行保存、刷新对 Cookies 有什么影响等。如果在 Cookies 中保存了注册信息，请确认该 Cookies 能够正常工作而且已对这些信息已经加密。如果使用 Cookies 来统计次数，需要验证次数累计正确。

Cookies 测试用例示例如表 10-3 所示。

表 10-3　Cookies 测试用例示例

测试用例号	操作描述	数据	期望结果	实际结果
10.8	测试 Cookies 打开和关闭状态	Web 网页＝	Cookies 在打开时是否起作用	一致/不一致

10.2.5　设计语言测试

Web 设计语言版本的差异可以引起客户端或服务器端的一些严重问题，例如使用哪种版本的 HTML 等。当在分布式环境中开发时，开发人员都不在一起，这个问题就显得尤为重要。除了 HTML 的版本问题外，不同的脚本语言，例如 Java、JavaScript、ActiveX、VBScript 或 Perl 等也要进行验证。

10.2.6　功能测试用例

功能测试用例如表 10-4 所示。

表 10-4　功能测试用例示例

测试用例号	操作描述	数据	期望结果	实际结果
10.9	1. 进入商品目录列表所在的页面 2. 选择若干商品并添加到购物车中 3. 查看购物车	添加的商品＝ 购物车＝ 页面＝	购物车中列出所有选择的商品	一致/不一致

续表

测试用例号	操作描述	数据	期望结果	实际结果
10.10	1．通过搜索，选择不同网页中的商品，添加到购物车中 2．查看购物车	添加的商品＝ 购物车＝ 搜索的关键词＝ 页面＝	购物车中列出所有选择的商品	一致/ 不一致
10.11	选择商品但没有放到购物车中	添加的商品＝ 购物车＝	购物车中没有所选中的商品	一致/ 不一致
10.12	1．选择一些商品并放到购物车中 2．不查看购物车 3．转到结帐处	添加的商品＝ 购物车＝ 结帐单＝	放到购物车中的商品在结帐单中显示	一致/ 不一致
10.13	1．选择一些商品并放到购物车中 2．把其中一件商品从购物车中取走	添加的商品＝ 取出的商品＝ 购物车＝	购物车中的商品随时更新以反映商品的添加和取出	一致/ 不一致

10.3　性能测试

　　网站的性能测试对于网站的运行而言非常重要，目前多数测试人员都很重视对网站的性能测试。

　　网站的性能测试主要从三个方面进行：负载测试、压力测试和连接速度测试。负载测试指的是进行一些边界数据的测试；压力测试更像是恶意测试，压力测试倾向应该是致使整个系统崩溃；连接速度测试指的是打开网页的响应速度测试。

10.3.1　负载测试

　　测试需要验证 Web 系统能否在同一时间响应大量的用户，在用户传送大量数据的时候能否响应，系统能否长时间运行。可访问性对用户来说是极其重要的。如果用户得到"系统忙"的信息，他们可能放弃，并转向竞争对手。这样就需要进行负载测试。

　　负载测试是为了测量 Web 系统在某一负载级别上的性能，以保证 Web 系统在需求范围内能正常工作。负载级别可以是某个时刻同时访问 Web 系统的用户数量，也可以是在线数据处理的数量。

　　负载测试包括的问题有：Web 应用系统能允许多少个用户同时在线；如果超过了这个数量，会出现什么现象；Web 应用系统能否处理大量用户对同一个页面的请求。

　　负载测试的作用是在软件产品投向市场以前，通过执行可重复的负载测试，预先分析软件可以承受的并发用户的数量极限和性能极限，以便更好地优化软件。

　　负载测试应该安排在 Web 系统发布以后，在实际的网络环境中进行测试。因为一个企业内部员工，特别是项目组人员总是有限的，而一个 Web 系统能同时处理的请求数量将远远超出这个限度，所以，只有放在 Internet 上，接受负载测试，其结果才是正确可信的。

　　Web 负载测试一般使用自动化工具来进行。

10.3.2 压力测试

系统检测不仅要使用户能够正常访问站点，在很多情况下，可能会有黑客试图通过发送大量数据包来攻击服务器。出于安全的原因，测试人员应该知道当系统过载时，需要采取哪些措施，而不是简单地提升系统性能。这就需要进行压力测试。

进行压力测试是指实际破坏一个 Web 应用系统，测试系统的反映。压力测试是测试系统的限制和故障恢复能力，也就是测试 Web 应用系统会不会崩溃，在什么情况下会崩溃。黑客常常提供错误的数据负载，通过发送大量数据包来攻击服务器，直到 Web 应用系统崩溃，接着当系统重新启动时获得存取权。无论是利用预先写好的工具，还是创建一个完全专用的压力系统，压力测试都是用于查找 Web 服务（或其他任何程序）问题的本质方法。

压力测试的区域包括表单、登录和其他信息传输页面等。

负载/压力测试应该关注的问题如下：

（1）瞬间访问高峰

例如电视台的 Web 站点，如果某个收视率极高的电视选秀节目正在直播并进行网上投票，那么最好使系统在直播的这段时间内能够响应上百万上千万的请求。负载测试工具能够模拟 X 个用户同时访问测试站点。

（2）每个用户传送大量数据

例如网上购物过程中，一个终端用户一次性购买大量的商品。或者节日里，一个客户网上派送大量礼物给不同的终端用户等。系统都要有足够能力处理单个用户的大量数据。

（3）长时间的使用

Web 站点提供基于 Web 的 E-mail 服务具有长期性，其对应的测试就属于长期性能测试，可能需要使用自动测试工具来完成这种类型的测试，因为很难通过手工完成这些测试。你可以想象组织 100 个人同时单击某个站点，但是同时组织 100000 个人就很不现实。通常，测试工具在第二次使用的时候，它创造的效益就足以支付成本。而且，测试工具安装完成之后，再次使用的时候只要单击几下即可。

负载/压力测试需要利用一些辅助工具对 Web 网站进行模拟测试。例如，模拟大的客户访问量，记录页面执行效率，从而检测整个系统的处理能力。目前常用的负载/压力测试工具有WinRunner、LoadRunner、Webload 等，运用它们可进行自动化测试。

10.3.3 连接速度测试

连接速度测试是对打开网页的响应速度测试。

用户连接到 Web 应用系统的速度根据上网方式的变化而变化，或许是电话拨号，或是宽带上网。当下载一个程序时，用户可以等较长的时间，但如果仅仅访问一个页面就不会这样。如果 Web 系统响应时间太长（例如超过 10 秒钟），用户就会因没有耐心等待而离开。

另外，有些页面有超时的限制，如果响应速度太慢，用户可能还没来得及浏览内容，就需要重新登录了。而且，连接速度太慢还可能引起数据丢失，使用户得不到真实的页面。

连接速度测试用例如表 10-5 所示。

表 10-5　连接速度测试用例示例

测试用例号	操作描述	数据	期望结果	实际结果
10.14	1. 提交一个完整的购买表单 2. 记录接收到购买确认的响应时间 3. 重复上述操作 5 次	购买的商品＝	记录最小、最大和平均响应时间，同时满足系统的性能要求	一致/ 不一致
10.15	1. 查找一件商品 2. 记录查找的响应时间 3. 重复上述操作 5 次	查询＝	记录最小、最大和平均响应时间，同时满足系统的性能要求	一致/ 不一致

10.4　安全性测试

随着因特网的广泛使用，网上交费、电子银行等深入到了人们的生活中。所以网络安全问题就日益重要，特别对于有交互信息的网站及进行电子商务活动的网站尤其重要。站点涉及银行信用卡支付问题、用户资料信息保密问题等。Web 页面随时会传输这些重要信息，所以一定要确保安全性。一旦用户信息被黑客捕获泄露，客户在进行交易时，就不会有安全感，甚至后果严重。

1. 目录设置

Web 安全的第一步就是正确设置目录。目录安全是 Web 安全性测试中不可忽略的问题。如果 Web 程序或 Web 服务器的处理不当，通过简单的 URL 替换和推测，会将整个 Web 目录暴露给用户，这样会造成 Web 的安全性隐患。每个目录下应该有 index.html 或 main.html 页面，或者严格设置 Web 服务器的目录访问权限，这样就不会显示该目录下的所有内容，从而提高安全性。

2. SSL

很多站点使用 SSL（Security Socket Layer）安全协议进行传送。

SSL 表示安全套接字协议层，是由 NetScape 首先发表的网络数据安全传输协议。SSL 是利用公开密钥/私有密钥的加密技术，在位于 HTTP 层和 TCP 层之间，建立用户和服务器之间的加密通信，从而确保所传送信息的安全性。

任何用户都可以获得公共密钥来加密数据，但解密数据必须通过对应的私人密钥。SSL 是工作在公共密钥和私人密钥基础上的。

SSL 站点是因为浏览器出现了警告消息，而且在地址栏中的 HTTP 变成 HTTPS。如果开发部门使用了 SSL，测试人员需要确定是否有相应的替代页面，适用于 3.0 以下版本的浏览器，这些浏览器不支持 SSL。当用户进入或离开安全站点的时候，请确认有相应的提示信息。做 SSL 测试时，需要确认是否有连接时间限制，超过限制时间后会出现什么情况等。

3. 登录

如图 10-5 所示，很多站点都需要用户先注册后登录使用，从而校验用户名和匹配的密码，以验证他们的身份，阻止非法用户登录。这样对用户是方便的，他们不需要每次都输入个人资料。

图 10-5　用户登录设置

测试人员需要验证系统阻止非法的用户名/口令登录，然后够通过有效登录。主要的测试内容有：

- 用户名和输入密码是否大小写敏感；
- 测试有效和无效的用户名和密码；
- 测试用户登录是否有次数限制，是否限制从某些 IP 地址登录；
- 假设允许登录失败的次数为 3 次，那么在用户第三次登录的时候输入正确的用户名和口令，是否能通过验证；
- 口令选择是否有规则限制；
- 哪些网页和文件需要登录才能访问和下载；
- 是否可以不登录而直接浏览某个页面；
- 要测试 Web 应用系统是否有超时的限制，也就是说，用户登录后在一定时间内（例如 15 分钟）没有单击任何页面，是否需要重新登录才能正常使用。

另外，许多站点在登录邮箱时，也会有安全性提示。这里以 YAHOO 为例，图 10-6 是单击 YAHOO 的信箱图标时弹出的对话框，提示用户网页通过安全链接。这样用户就可以安心地登录邮箱。

4. 日志文件

为了保证 Web 应用系统的安全性，日志文件是至关重要的。需要测试相关信息是否写进了日志文件、是否可追踪。

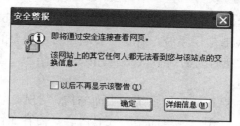

图 10-6　安全连接提示

在后台，要注意验证服务器日志工作正常。主要的测试内容有：

- 日志是否记录所有的事务处理；
- CPU 的占有率是否很高；
- 是否有另外的进程占用；
- 是否记录失败的注册企图；
- 是否记录被盗信用卡的使用；
- 是否在每次事务完成的时候都进行保存；
- 是否记录 IP 地址；
- 是否记录用户名等。

5. 脚本语言

脚本语言是常见的安全隐患。每种语言的细节有所不同。有些脚本允许访问根目录，其他脚本只允许访问邮件服务器。但是有经验的黑客可以利用这些缺陷，将服务器用户名和口令发送给他们自己，从而攻击和使用服务器系统。

测试人员需要找出站点使用了哪些脚本语言，并研究该语言的缺陷。

服务器端的脚本常常构成安全漏洞，这些漏洞又常常被黑客利用。所以，还需要检验没有经过授权，就不能在服务器端放置和编辑脚本的问题。最好的办法是订阅一个讨论站点使用的脚本语言安全性的新闻组。

6. 加密

当使用了安全套接字时，还要测试加密是否正确，检查信息的完整性。

10.5　可用性/可靠性测试

可用性/可靠性方面一般采用手工测试的方法进行评判，可用性测试内容包括导航测试、Web 图形测试和图形用户界面（GUI）测试等。

10.5.1　导航测试

导航描述了用户在一个页面内操作的方式，在不同的用户接口控制之间，例如按钮、对话框、列表和窗口等，或在不同的连接页面之间。

主要测试目的是检测一个 Web 应用系统是否易于导航，具体内容包括：

- 导航是否直观；
- Web 系统的主要部分是否可通过主页存取；
- Web 系统是否需要站点地图、搜索引擎或其他的导航帮助。

在一个页面上放太多的信息往往起到与预期相反的效果。Web 应用系统的用户趋向于目的驱动，很快地扫描一个 Web 应用系统，看是否有满足自己需要的信息，如果没有，就会很快地离开。很少有用户愿意花时间去熟悉 Web 应用系统的结构，因此，Web 应用系统导航帮助要尽可能地准确。

导航的另一个重要方面是 Web 应用系统的页面结构、导航、菜单、连接的风格是否一致。确保用户凭直觉就知道 Web 应用系统里面是否还有内容，内容在什么地方。

Web 应用系统的层次一旦决定，就要着手测试用户导航功能，应该让最终用户参与这种测试，提高测试质量。

导航测试实例如表 10-6 所示。

表 10-6　导航条测试用例示例

测试用例号	操作描述	数据	期望结果	实际结果
10.16	1．执行一个搜索，至少搜索到 10 项相关商品信息。 2．以一件商品为单位向下滚动	查询＝	搜索结果有 10 个或 10 个以上的相关商品信息。 在没有到达搜索列表页面底部时，前面的商品列表滚动出屏幕，后面的商品不断从屏幕下方出现	一致/ 不一致
10.17	1．执行一个搜索，至少搜索到 5 个页面的输出。 2．以页面为单位向下滚动	查询＝	搜索结果有 5 个或 5 个以上的相关页面。 在没有到达搜索列表的底部时，当前的屏幕内容向上滚动一屏，下一屏出现	一致/ 不一致

10.5.2　Web 图形测试

在 Web 应用系统中，适当的图片和动画既能起到广告宣传的作用，又能起到美化页面的功能。一个 Web 应用系统的图形可以包括图片、动画、边框、颜色、字体、背景、按钮等。图形测试的内容有：

（1）要确保图形有明确的用途，图片或动画不要胡乱地堆在一起，以免浪费传输时间。Web 应用系统的图片尺寸要尽量小，并且要能清楚地说明某件事情，一般都链接到某个具体的页面。

（2）验证所有页面字体的风格是否一致。

（3）背景颜色应该与字体颜色和前景颜色相搭配。通常来说，使用少许或尽量不使用背景是个不错的选择。如果想用背景，那么最好使用单色的，和导航条一起放在页面的左边。另外，图案和图片可能会转移用户的注意力。

（4）图片的大小和质量也是一个很重要的因素，一般采用 JPG 或 GIF 压缩，最好能使图片的大小减小到 30k 以下。

（5）验证的是文字回绕是否正确。如果说明文字指向右边的图片，应该确保该图片出现在右边。不要因为使用图片而使窗口和段落排列古怪或者出现孤行。

（6）图片能否正常加载，用来检测网页的输入性能好坏。如果网页中有太多图片或动画插件，就会导致传输和显示的数据量巨大、减慢网页的输入速度，有时会影响图片的加载。

如图 10-7 所示，网页无法载入图片时，就会在其显示位置上显示错误提示信息。Web 图形测试用例如表 10-7 所示。

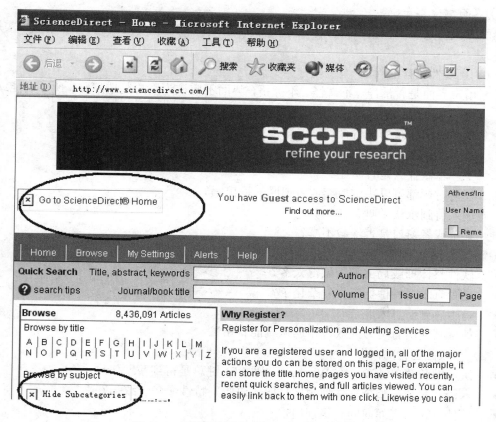

图 10-7   网页无法载入图片的提示信息

表 10-7   Web 图形测试用例示例

测试用例号	操作描述	数据	期望结果	实际结果
10.18	查看图形/图像	页面＝ 浏览器＝	在选择的浏览器中，图形/图像显示正确	一致/ 不一致

10.5.3　图形用户界面（GUI）测试

现在一般人都有使用浏览器浏览网页的经历，界面对不懂技术的用户来说非常重要，所以做好界面测试也很关键。

1. 整体界面测试

整体界面是指整个 Web 应用系统的页面结构设计，是给用户的一个整体感。例如：当用户浏览 Web 应用系统时是否感到舒适，是否凭直觉就知道要找的信息在什么地方，整个 Web 应用系统的设计风格是否一致等。

对整体界面的测试过程，其实是一个对最终用户进行调查的过程。一般 Web 应用系统采取在主页上做一个调查问卷的形式，来得到最终用户的反馈信息。因此测试需要外部人员参加，特别是终端用户的参与。

2．界面测试要素

界面测试要素主要包括：符合标准和规范，灵活性，正确性，直观性，舒适性，实用性，一致性。

（1）直观性包含的问题

- 用户界面是否洁净、不奇怪、不拥挤，界面不应该为用户制造障碍。所需功能或者期待的响应应该明显，并在预期出现的地方。
- 界面组织和布局是否合理。
- 是否允许用户轻松地从一个功能转到另一个功能。
- 下一步做什么是否明显。
- 任何时刻都可以决定放弃或者退回、退出吗？
- 输入得到承认了吗？
- 菜单或者窗口是否深藏不露？
- 有多余功能吗？
- 软件整体抑或局部是否做得太多？
- 是否有太多特性把工作复杂化了？
- 是否感到信息太庞杂？
- 如果其他所有努力失败，帮助系统能否帮忙。

（2）一致性包含的问题

- 快速键和菜单选项：在 Windows 中按 F1 键总是得到帮助信息。
- 术语和命令：整个软件使用同样的术语吗？特性命名一致吗？
- 软件是否一直面向同一级别用户？
- 按钮位置和等价的按键：大家是否注意到对话框有 OK 按钮和 Cancle 按钮时，OK 按钮总是在上方或者左方，而 Cancle 按钮总是在下方或右方？同理，Cancle 按钮的等价按键通常是 Esc，而选中按钮的等价按钮通常是 Enter 保持一致。

（3）灵活性包含的问题

- 状态跳转：灵活的软件实现同一任务有多种选择方式。
- 状态终止和跳过，具有容错处理能力。
- 数据输入和输出：用户希望有多种方法输入数据和查看结果。例如，在写字板插入文字可用键盘输入、粘贴。

（4）舒适性包含的问题

- 恰当：软件外观和感觉应该与所做的工作和使用者相符。
- 错误处理：程序应该在用户执行严重错误的操作之前提出警告，并允许用户恢复由于错误操作导致丢失的数据。如大家认为 undo /redo 是当然的。
- 性能：速度快不见得是好事。要让用户看清程序在做什么。

3．界面测试内容

用户界面测试主要包括以下几个方面的内容：

（1）站点地图和导航条

测试站点地图和导航条位置是否合理、是否可以导航等。内容布局是否合理，滚动条等简介说明。

确认测试的站点是否有地图。有些网络高手可以直接去自己要去的地方，而不必单击一大堆页面。另外新用户在网站中可能会迷失方向。站点地图和/或导航条可以引导用户进行浏览。需要验证站点地图是否正确，确认地图上的链接是否确实存，地图有没有包括站点上的所有链接。

（2）使用说明

说明文字是否合理，位置是否正确。

应该确认站点有使用说明。即使认为网站很简单，也可能有人在某些方面需要证实一下。测试人员需要测试说明文档，验证说明是正确的。还可以根据说明进行操作，确认出现预期的结果。

（3）背景/颜色

背景/颜色是否正确、美观，是否符合用户需求。

由于 Web 日益流行，很多人把它看作图形设计作品。不幸的是，有些开发人员对新的背景颜色更感兴趣，以致于忽略了这种背景颜色是否易于浏览。例如在紫色图片的背景上显示黄色的文本。这种页面显得"非常高贵"，但是看起来很费劲。通常来说，使用少许或尽量不使用背景是个不错的选择。如果想用背景，那么最好使用单色的，和导航条一起放在页面的左边。另外，图案和图片可能会转移用户的注意力。

（4）图片

无论作为屏幕的聚焦点或作为指引的小图标，一张图片都胜过千言万语。有时，告诉用户一个东西的最好办法就是将它展示给用户。但是，带宽对客户端或服务器来说都是非常宝贵的，所以要注意节约使用内存。

相关测试内容包括：

- 保证图片有明确用途：是否所有的图片对所在的页面都是有价值的，或者它们只是浪费带宽。
- 图片的大小和质量：图片是否使用了 GIF、JPG 的文件格式，是否能使图片的大小减小到 30k 以下。
- 所有图片能否正确载入和显示：通常，不要将大图片放在首页上，因为这样可能会使用户放弃下载首页。如果用户可以很快看到首页，他可能会浏览站点，否则可能放弃。
- 背景颜色是否和字体颜色以及前景颜色相搭。

（5）表格

表格测试的相关内容：

- 需要验证表格是否设置正确。
- 用户是否需要向右滚动页面才能看见产品的价格？
- 把价格放在左边，而把产品细节放在右边是否更有效？
- 每一栏的宽度是否足够宽，表格里的文字是否都有折行？
- 是否有因为某一格的内容太多，而将整行的内容拉长？

表格测试用例示例如表 10-8 所示。

表 10-8　表格测试用例示例

测试用例号	操作描述	数据	期望结果	实际结果
10.19	查看表格	表格＝ 浏览器＝	在选择的浏览器中，表格显示正确	一致/ 不一致

（6）回绕

需要验证的是文字回绕是否正确。如果说明文字指向右边的图片，应该确保图片出现在右边。不要因为使用图片而使窗口和段落排列古怪或者出现孤行。

另外，测试内容还包括测试页面在窗口中的显示是否正确、美观（在调整浏览器窗口大小时，屏幕刷新是否正确），表单样式、大小和格式是否对提交数据进行验证（如果在页面部分进行验证的话），链接的形式位置是否易于理解等。

10.5.4　可靠性测试

可靠性测试很容易理解，如表 10-9 所示，直接给出测试示例。

表 10-9　可靠性测试用例示例

测试用例号	操作描述	数据	期望结果	实际结果
10.20	在网站购物的同时，打印当前页面	商品＝	商品能够成功购买，选择的页面也能打印成功，系统速度正常、性能稳定	一致/ 不一致
10.21	利用自动测试工具，每一分钟购买一次商品	商品 1＝ 商品 2＝ 商品 3＝ 商品 4＝ 商品 5＝ … 商品 n＝	每件商品都能成功购买，系统速度正常、性能稳定	一致/ 不一致
10.22	5 个用户一起登录网站，并同时购买同一个商品	用户 1＝ 用户 2＝ 用户 3＝ 用户 4＝ 用户 5＝	5 个用户都能在同一时间将相同的商品放在各自的购物车中	一致/ 不一致

10.6　配置和兼容性测试

需要验证应用程序，可以在用户使用的机器上运行。如果用户是全球范围的，需要测试各种操作系统、浏览器、视频设置和 Modem 的速度。最后，还要尝试各种设置的组合。

1. 平台测试

市场上有很多不同的操作系统类型，最常见的有 Windows、UNIX、Linux 等。Web 应用系统的最终用户究竟使用哪一种操作系统，取决于用户系统的配置。这样，就可能会发生兼容性问题，同一个应用可能在某些操作系统下可以正常运行，但在另外的操作系统下可能会运行失败。

因此，在 Web 系统发布之前，需要在各种操作系统下对 Web 系统进行兼容性测试。

2. 浏览器测试

浏览器是 Web 客户端核心的构件，需要测试站点能否使用 NetScape、Internet Explorer 或 Lynx 进行浏览。来自不同厂商的浏览器对 Java、JavaScript、ActiveX 或不同的 HTML 规格有不同的支持。并且有些 HTML 命令或脚本只能在某些特定的浏览器上运行。

例如，ActiveX 是 Microsoft 的产品，是为 Internet Explorer 而设计的；JavaScript 是 NetScape 的产品；Java 是 Sun 的产品等。另外，框架和层次结构风格在不同的浏览器中也有不同的显示，甚至根本不显示。不同的浏览器对安全性和 Java 的设置也不一样。

测试浏览器兼容性的一个方法是创建一个兼容性矩阵。在这个矩阵中，测试不同厂商、不同版本的浏览器对某些构件和设置的适应性。

大多数 Web 浏览器允许大量自定义。如图 10-8 所示，可以选择安全性选项、文字标签的处理方式、是否启用插件等。不同的选项对于网站的运行有各自不同的影响，因此测试时每个选项都要考虑。

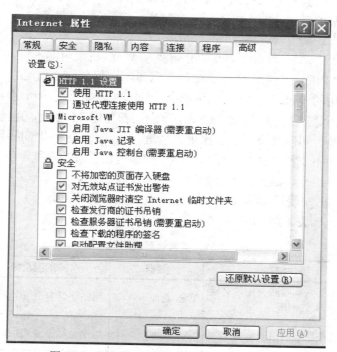

图 10-8　Internet Explorer 浏览器的可配置性

浏览器环境和测试平台的兼容性如表 10-10 所示。在不同的平台和浏览器组合中执行相同的测试用例，在执行后核对结果。

表 10-10　浏览器兼容表

浏览器\\平台	Netscape Communicatior 4.5	Netscape Communicatior 4.7	Internet Explorer 4.01	Internet Explorer 5.0	...
Windows 98					
Windows 2000					
Windows NT					
Windows XP					
Windows NE					
Linux			—	—	
UNIX					
iMac					
Mac OS X					
...					

3. 打印机测试

用户可能会将网页打印下来。因此网页在设计的时候要考虑到打印问题，注意节约纸张和油墨。有不少用户喜欢阅读而不是盯着屏幕，因此需要验证网页打印是否正常。有时在屏幕上显示的图片和文本的对齐方式可能与打印出来的东西不一样。测试人员至少需要验证订单，确认页面打印是正常的。

4. 组合测试

最后需要进行组合测试。600×800 的分辨率在 MAC 机上可能不错，但是在 IBM 兼容机上却很难看。在 IBM 机器上使用 NetScape 能正常显示，但却无法使用 Lynx 来浏览。

如果是内部使用的 Web 站点，测试可能会轻松一些。如果公司指定使用某个类型的浏览器，那么只需在该浏览器上进行测试。如果所有的人都使用 T1 专线，可能不需要测试下载施加（但需要注意的是，可能会有员工从家里拨号进入系统）。有些内部应用程序，开发部门可能在系统需求中声明不支持某些系统而只支持一些那些已设置的系统。但是，理想的情况是，系统能在所有机器上运行，这样就不会限制将来的发展和变动。

可以根据实际情况，采取等价划分的方法，列出兼容性矩阵。

兼容性测试用例如表 10-11 所示。

表 10-11　兼容性测试用例示例

测试用例号	操作描述	数据	期望结果	实际结果
10.23	将网站加入到收藏夹中，会话结束时再次调用	Web 页面=	网站正常打开和运行	一致/不一致
10.24	打开某个站点的多个会话	Web 页面=	每个会话都是可用的	一致/不一致
10.25	使用浏览器的打印功能	Web 页面=	选择的页面能够正常打印	一致/不一致
10.26	创建一个 Web 页面的快捷键，在结束会话后单击该快捷键	Web 页面=	网站正常打开和运行	一致/不一致

10.7　数据库测试

在 Web 应用技术中，数据库具有非常重要的作用，数据库为 Web 应用系统的管理、运行、查询和实现用户对数据存储的请求等提供空间。在 Web 应用中，最常用的数据库类型是关系型数据库，可以使用 SQL 对信息进行处理。

数据库测试是 Web 网站测试的一个基本组成部分。网站把相关的数据和信息存储在数据库中，从而提高搜索效率。很多站点把用户的输入数据也存放在数据库中。

对于测试人员，要真正了解后台数据库的内部结构和设计概念，制定详细的数据库测试计划，至少能在程序的某个流程点上并发地查询数据库。

1.　数据库测试的主要因素

数据库测试的主要因素有数据完整性、数据有效性和数据操作和更新。

- 数据完整性。测试的重点是检测数据损坏程度。开始时，损坏的数据很少，但随着时间的推移和数据处理次数的增多，问题会越来越严重。设定适当的检查点可以减轻数据损坏的程度。比如，检查事务日志以便及时掌握数据库的变化情况。
- 数据有效性。数据有效性能确保信息的正确性，使得前台用户和数据库之间传送的数据是准确的。在工作流上的变化点上检测数据库，跟踪变化的数据库，判断其正确性。
- 数据操作和更新。根据数据库的特性，数据库管理员可以对数据进行各种不受限制的管理操作。具体包括：增加记录、删除记录、更新某些特定的字段。

2.　数据库测试的相关问题

除了上面的数据库测试因素，测试人员需要了解的相关问题还有：

- 数据库的设计概念；
- 数据库的风险评估；
- 了解设计中的安全控制机制；
- 了解哪些特定用户对数据库有访问权限；
- 了解数据的维护更新和升级过程；
- 当多个用户同时访问数据库处理同一个问题，或者并发查询时，确保可操作性。
- 确保数据库操作能够有足够的空间处理全部数据，当超出空间和内存容量时能够启动系统扩展部分。

围绕上述的测试因素和测试的相关问题，就可以设计具体的数据库测试用例了。

3.　测试用例

在学校的网站上，成绩查询系统是一个常见的 Web 程序。学生可以通过浏览器页面访问 Web 服务器，Web 服务器再从数据库服务器上读取数据。

表 10-12 是一个学生基础课成绩表的结构示例。这里定义了表的各项字段名、字段类型、及其含义。

表 10-13 是对应的数据库测试用例示例。实际测试结果和期望结果是否一致要取决于数据库的性能高低。

表 10-12　学生成绩表的结构

字段名	字段类型	含义	注释
S_No	整型	学号	非空
S_Name	字符串类型	学生姓名	非空
S_Dep	字符串类型	所在系	
S_Class	字符串类型	所在班级	
M_Score	数值型	数学成绩	
E_Score	数值型	英语成绩	
C_Score	数值型	计算机成绩	

表 10-13　数据库测试用例示例

测试用例号	操作描述	数据	期望结果	实际结果
10.27	指定学号来查询成绩	S_No＝	输出该学号对应学生的所有成绩情况	一致/不一致
10.28	指定一个有效且不重名的学生姓名来查询成绩	S_Name＝	输出该学生的所有成绩情况	一致/不一致
10.29	指定一个有效且重名的学生姓名来查询成绩	S_Name＝	输出该学生的所有成绩情况	一致/不一致
10.30	指定一个不存在的学生姓名来查询成绩	S_Name＝	学生记录没有找到，建议重新输入	一致/不一致
10.31	指定一个有效的学生姓名和所在班级组合条件来查询该学生的相关成绩	S_Name＝ S_Class＝	输出该学生的所有成绩情况	一致/不一致
10.32	指定一个有效的学生姓名和一个不存在的班级来查询该学生的相关成绩	S_Name＝ S_Class＝	系别没有找到，但列出该学生的所有成绩情况	一致/不一致
10.33	指定一个有效的学生姓名和所在系别组合条件来查询该学生的相关成绩	S_Name＝ S_Dep＝	输出该学生的所有成绩情况	一致/不一致
10.34	指定一个有效的学生姓名和一个不存在的系别来查询该学生的相关成绩	S_Name＝ S_Dep＝	系别没有找到，但列出该学生的所有成绩情况	一致/不一致
10.35	根据学号查询到该学生的英语成绩； 数据库管理员更改该学生的英语成绩； 根据学号再次查询该学生的英语成绩	S_No＝ E_Score＝	输出该学生英语成绩； 更新数据库； 给出该学生更新后的英语成绩	一致/不一致

续表

测试用例号	操作描述	数据	期望结果	实际结果
10.36	并发执行以下操作： 数据库管理员增加一名新同学的记录； 用户查询这名新同学的相关信息	S_No= S_Name= S_Dep= S_Class= M_Score= E_Score= C_Score=	查询结果可能给出不完整的相关信息，比如有空的字段	一致/ 不一致
10.37	N 个用户同时执行相同的查询操作	（要查询的）字段名＝ 用户数＝	在可以接受的响应时间内，所有用户得到正确的显示结果	一致/ 不一致

小　结

本章介绍了 Web 网站测试的几个方面和相关的测试技术。

Web 测试相对于非 Web 测试来说是更具挑战性的工作。用户对 Web 页面质量有很高的期望。

功能测试是检测网站功能的正确性，其中包括页面内容测试、页面链接测试、表单测试、Cookies 测试和设计语言测试等。

性能测试确保网站服务器在规定的参数内响应浏览器的请求。作为性能测试的一部分，负载测试评估网站满足负载要求的能力。负载测试评估系统表明系统在处理大量用户的并发要求时的功能情况；压力测试是使系统能满足不同的负载；连接速度测试则是对打开网页的响应速度测试。

安全测试是为了确保重要和机密信息的安全性，试图找到应用程序的安全缺陷。

可用性测试是指通过观察用户与站点的交互，评估一个站点是否用户友好。其中导航测试是指通过访问页面、图像、链接及其他页面组件，确保用户可以完成希望的任务。

配置和兼容性测试保证了应用程序在各种硬件和软件环境下的功能都是正确的。

数据库测试检查存储数据的完整性，而存储数据通常是指网站使用的产品信息。

习　题

1．简述 Web 网站的测试内容。
2．功能测试包括哪些方面？
3．简述负载/压力测试的作用。
4．概括安全性测试中的登录测试内容。
5．简述兼容性测试。

第 11 章　云计算对软件测试的影响

本章概述：

介绍了云计算及云测试的概念；分析了云测试的优势；阐述了云计算与云测试的发展对软件测试发展的影响。

11.1　云计算与云测试简介

11.1.1　云计算（Cloud Computing）简介

狭义云计算是指通过网络，以按需、按易扩展的方式获得所需 IT 基础设施的交付和使用模式。广义云计算是指服务的交付和使用模式，通过网络以按需、按易扩展的方式获得所需的服务。这种服务可以是 IT 基础设施、软件、互联网应用相关的，也可以是任意其他的服务。云计算作为一个新名词，它既不是一项新技术，也不是一个新概念。云的含义绝不仅仅是针对计算，而是 IT 系统建设的一个总体方针和大势所趋。云代表的是一个崭新的 IT 应用时代。

2002 年，IBM 首次提出 On Demand 随需应变，随后 HP 提出了 Utility Computing 效用计算，接着 H3C 提出了 IToIP。甚至在更早的 20 世纪 90 年代中，全球各地出现过一批以 ASP（应用服务商）、SSP（存储服务商）为运营模式的商业探索者，他们都是云计算的先驱和实践者。上述概念或商业构想与今天的云计算并没有本质的差异，都是对同一个 IT 发展愿景进行的不同角度表述。这个愿景就是希望 IT 资源能够有一天像今天使用的电力、自来水一样"即插即用"，不需要关心"电"从何处来、"电"是怎样产生的、运输设备是什么。这些 IT 资源包括网络应用、软件、硬件设施等。例如一家企业需要信息化办公，以往的模式是：企业花费大量资金采购硬件（机房、计算机）、布置复杂的网络、购买操作系统和办公软件、管理软件等、配置专业的 IT 管理人员等，有的设备或软件利用率还很低，实现信息化过程耗时、耗力、耗资金，更耗费社会资源，且日常使用还需要大量投入，例如设备保管、系统维护、软件升级等。而在云时代，企业只需要简单的培训，操作者通过简单的个人终端（显示器、手机等）接入云服务就可以实现系统化、自动化办公和管理需要，享受着更加质优、价廉、节能、环保的云服务。企业无须关心数据存放在哪里、怎么实现，不再采购大量的硬件和软件，不再需要布置复杂网络，这些事情交给提供"云服务"的公司去完成。企业可以视它们为躲在"云层"后面我们看不见的跑来跑去的"雨雾"，只关心落下的"雨滴"。也可以视它们为幕后从没见过的那些导演、化妆师等，我们只关心台上正在演出的这一幕和熟悉的演员。

11.1.2　云测试（Cloud Testing）简介

"云测试"是什么？顾名思义，"云测试"由测试和云两者组成，首先它应该是一种软件测试，有它自己的测试手段、测试方法、测试过程。其次，它应该工作于"云端"，通过云来实现其方法、过程。由以上两点可知，"云测试"就是通过"云"而实施的一种软件测试，由于与云结合，所以它在测试方法、手段、过程等方面，具有一些自己独有的特征。

随着云计算时代的到来，人们应用信息的方式将发生改变，同样也会改变提供软件服务企业的交付模式、研发模式和软件测试方式。基于云计算技术的软件测试方式即为云测试。

云测试是基于云计算的一种新型测试方案。服务商提供多种平台、多种浏览器的平台，一般的用户在本地用 Selenium 把自动化测试脚本编写好，然后上传到他们网站，就可以在他们的平台上运行 Selenium 脚本了。

11.1.3　哪些测试项目可以做云测试

通过云测试的定义我们看出：凡是测试中需要使用的软件工具和环境都可进行云测试，当前适合做云测试的项目或内容有：

（1）硬件环境：测试软件在不同应用场景下对硬件环境的要求。

（2）软件环境：操作系统、数据库、浏览器等，测试软件对不同运行平台的适应性。

（3）适应性软件：防火墙及防病毒软件等，测试在安装不同防火墙及防病毒软件时，软件运行可靠性。

（4）功能自动化测试：进行软件自动化测试。

（5）性能测试：进行软件性能和压力测试。

随着云计算技术的发展，为软件测试服务的各种应用亦将得到发展，适合做云测试的项目也将不断增多。

11.2　云测试的优势

云测试的优势主要体现在：立即可用、装配完备、专家服务和节约成本等方面。

1. 立即可用

云测试提供一整套测试环境，测试人员利用虚拟桌面等手段登录到该测试环境，就可以立即展开测试。这将软硬件安装、环境配置、环境维护的代价转移给云测试提供者（公共云的经营者或私有云的维护团队）。以现在的虚拟化技术，在测试人员指定硬件配置、软件栈（操作系统、中间件、工具软件）、网络拓扑后，创建一套新的测试环境只需几个小时。如果测试人员可以接受已创建好的标准测试环境，那么他可以立即登录。

2. 装配完备

云测试不但可以提供完整的测试环境，还可以提供许多附加服务。对于测试机，它可以提供还原点，以便测试人员将虚拟机重置到指定状态。对于测试执行，它可以监控被测试程序的一举一动，例如注册表访问、硬盘文件读写、网络访问、系统日志写入、系统资源占用率、内存映像序列化、屏幕录像等。将这些信息与测试用例一起展现出来，可以帮助测试人员发现问题，定位错误。对于大规模的测试，云测试可以提供多台测试客户机，它们从主控机上下载测试用例，执行并汇报测试结果，主控机将结果汇总后报告给测试人员。实际上，这些功能已经被各种工具所实现，云测试平台的任务是整合它们，提供统一、完备的功能。这样，测试人员就可以将精力最大限度地投入到专属的测试领域中，而不是与各种工具搏斗。

3．专家服务

最高级的测试服务是提供专业知识的服务。这些知识可以通过测试用例、测试数据、自动测试服务等形式提供。例如，许多应用需要读取文件，云测试可以提供针对文件读取的模糊测试。测试人员将被测试的应用程序提交给云，云将其部署到多台测试机上。在每一台测试上，应用程序要读取海量的文件，每一个文件都是特意构造的攻击文件。一旦栈溢出、堆溢出等问题被发现，立即保存应用程序的内存映像。一段时间后，测试人员将获得云测试返回的测试结果：一份详细的分析报告和一大堆内存映像文件。

4．节约成本

每个企业都在追求成本最低和利润最大化。软件测试作为研发生产过程的一部分，也有降低成本的要求，即使用最少的机器购买最少的测试软件来完成软件测试工作。利用云测试可实现巨大节省，不需要购买或准备很多的个人电脑，购买和安装各类测试用软件，也不再需要部署复杂的网络。只需要列出测试目的、环境的要求、虚拟机台数、何时间断租用即可，实现按需支付。例如购买一套自动化测试软件至少花 8000 元，测试中只需要使用 2 个月，但如果按 800 元/月租用该软件云测试平台，只需要支付 1600 元。同时随着企业软件版本和技术的发展，依赖的测试软件或环境亦需要升级换代，又会产生升级和维护费用。而在云测试环境中，这些因素都无须企业考虑，交由提供云测试服务的供应商完成即可。

11.3　云计算对软件开发及软件测试的影响

随着云计算、大数据、云测试等新兴互联网概念的出现和发展，对软件测试方法、软件测试的发展必然带来深远的影响。

11.3.1　云计算对软件开发的影响

云计算环境下，软件技术、架构将发生显著变化。一是所开发的软件必须与云相适应，能够与虚拟化为核心的云平台有机结合，适应运算能力、存储能力的动态变化；二是要能够满足大量用户的使用，包括数据存储结构、处理能力；三是要互联网化，基于互联网提供软件的应用；四是安全性要求更高，可以抗攻击，并能保护私有信息；五是可工作于移动终端、手机、网络计算机等各种环境。

云计算环境下，软件开发的环境、工作模式也将发生变化。虽然，传统的软件工程理论不会发生根本性的变革，但基于云平台的开发工具、开发环境、开发平台将为敏捷开发、项目组内协同、异地开发等带来便利。软件开发项目组内可以利用云平台，实现在线开发，并通过云实现知识积累、软件复用。

云计算环境下，软件产品的最终表现形式更为丰富多样。在云平台上，软件可以是一种服务，如 SAAS 可以就是一个 Web Services，也可以是能在线下载的应用，如 iOS 的在线商店中的应用软件等。

11.3.2　云计算对软件测试的影响

在云计算环境下，由于软件开发工作的变化，也必然对软件测试带来影响和变化。

软件技术、架构发生变化，要求软件测试的关注点也应做出相对应的调整。软件测试在关注传统的软件质量的同时，还应该关注云计算环境所提出的新的质量要求，如软件动态适应能力、大量用户支持能力、安全性、多平台兼容性等。

云计算环境下，软件开发工具、环境、工作模式发生了转变，就要求软件测试的工具、环境、工作模式也应发生相应的转变。软件测试工具也应工作于云平台之上，测试工具的使用也应可通过云平台来进行，而不再是传统的本地方式；软件测试的环境也可移植到云平台上，通过云构建测试环境；软件测试也应该可以通过云实现协同、知识共享、测试复用。

软件产品表现形式的变化，要求软件测试可以对不同形式的产品进行测试，如 Web Services 的测试、互联网应用的测试、移动智能终端内软件的测试等。

云计算的普及和应用还有很长的道路，社会认可、人们习惯、技术能力，甚至是社会管理制度等都应做出相应的改变，方能使云计算真正普及。但无论怎样，基于互联网的应用将会逐渐渗透到每个人的生活中，对我们的服务、生活都会带来深远的影响。要应对这种变化，我们也很有必要讨论业务未来的发展模式，确定我们努力的方向。

11.3.3　云平台下软件测试的发展

James A. Whittaker 在《探索式软件测试》中展望了"软件测试的未来"，其中提到了基于云计算的软件测试服务。受大师的启发，我也斗胆展望一下云计算在软件测试领域的应用（简称"云测试"）。本节的许多想法只是推测或遐想，未经深思熟虑和广泛调研，想必包含许多错误，权当是抛砖引玉吧。

在走上"云"之前，先审视一下本地（local）测试环境的现状。

硬件快速发展，性价比持续升高。目前，高端的移动 CPU 已经支持 4 个内核（8 个硬线程）、8M 二级缓存，其配置与若干年前的工作站无异。再过一两年，主流的笔记本电脑都将具备此等计算能力，这意味着任何一个开发者都可以拥有真正的"移动工作站"。企业也可以用至强等"廉价"硬件，用相对小的花费，搭建测试实验室。

虚拟化技术日趋成熟。利用现有的操作系统虚拟化技术，可以在一台物理主机上构建出多台虚拟机。而且，Intel 和 AMD 加强了 x86 CPU 对虚拟化的支持，使得虚拟化软件更加高效，虚拟机的性能有了很大的提高。

虚拟化管理快速发展。主流的虚拟化软件开发商都提供了完整的虚拟机管理软件，能够在一个界面中管理虚拟机及其宿主物理机。构建一个由虚拟机的组成的测试环境非常方便，而且维护代价相对物理机要低很多。

测试工具将内建虚拟化。Microsoft Visual Studio 2010 所提供的 Test Manager 就是一个基于虚拟机的测试管理、运行、诊断工具。测试人员指定拓扑结构后，它能够生成由虚拟机组成的测试环境。测试人员在该环境中执行测试用例，它可以记录执行的轨迹（注册表访问、系统日志访问、屏幕录像等），为进一步的诊断提供线索。

许多测试将依赖于模拟器。随着 iPhone、iPad 等移动设备的爆发式流行，许多开发者已经将注意力投向移动平台。他们一般使用厂家提供的模拟器来开发、测试、调试软件。对于他们，模拟器就是整个测试环境。

可见，随着硬件和虚拟化技术的发展，测试人员利用本地的计算能力很容易构建出强大的测试环境。对于个体开发者和小型企业，笔记本电脑的计算能力可能已经足够。对于具备一定规模的企业，小型机房就能提供上百台不同软硬件配置的虚拟机和不同网络拓扑的测试环境。

那么，本地测试有什么困难，使得云计算可以一展身手呢？

（1）软件价格昂贵。Microsoft Test Manager 使用虚拟机搭建测试环境，每台虚拟机需要单独的许可证；Test Manager 是客户端－服务器架构，服务器要许可证，每个客户端也要许可证。不只是 Microsoft，其他的商业测试软件也是如此（例如，商业性能测试工具根据虚拟用户数收取费用），这些都是不菲的开销。目前，软件开发者的困境是购买了昂贵的软件，却使用寥寥，待两三年后新版本上市，又要破费升级。利用云计算技术可以将先期的高额投入分摊到多个测试用户上，降低使用门槛。例如，公共云可以利用虚拟桌面将测试环境提供给企业或个人，私有云可以实现公司内多个团队的测试平台共享。

（2）难以获得超大规模的计算能力。在某些情况下，需要模拟出上百万个虚拟用户以进行性能和压力测试。对于小型企业或个人，他们的硬件难以提供如此规模的计算能力。此时，他们可以租用云测试服务，以获得强大的运算能力。

（3）许多应用基于云计算，利用云计算来进行测试顺理成章。当前，许多开发者将其应用部署在 Windows Azure、Google App Engine 等云计算平台上，一些端到端的功能测试、性能测试、容量测试也可以在"云"上完成。例如，微软可以考虑提供 Windows Azure 应用的性能测试服务，它接受开发者提供测试用例（用 MSTest、NUnit 等指定测试框架编写）和测试参数（如虚拟用户数、带宽设置、浏览器设置等），在云上运行测试，并返回详细的测试报告。测试报告除了包括常见的性能指标，还可以提供 Windows Azure 的特有信息，例如"您现在租用的计算能力最多支持 1000 个并发用户，根据最近三个月的服务日志，您的并发用户数将在一个月后超过 1000 人，建议您提高计算能力至 XX，以满足业务发展的需要"。

（4）运行环境配置复杂。大部分软件受到运行环境的影响。以一个需要访问互联网的应用程序为例，它能否正常运行受到以下因素影响：防火墙配置、本地网络配置、企业防火墙配置、本地安全性设置、注册表设置、UAC 配置、同时运行的其他应用程序等。参数的组合呈现爆炸性增长。即便有虚拟化软件辅助，在短时间内也难以完成相应的配置测试。云测试服务商可以预先构建好大量配置各异的虚拟测试环境，提供详细的配置说明，推荐给测试人员。测试人员可以选择少数典型的测试环境，自行实施配置测试，也可以将测试用例提交给云，让测试并发地运行在大量的测试环境中，以在短时间内获得大量的测试反馈。

（5）缺乏测试积累。许多软件缺乏测试用例，在模糊测试（Fuzzy Testing）、安全性测试等需要专家经验的领域尤其如此。云测试服务商可以预先准备海量的测试用例以租用给测试人员。例如，它可以为 Office 兼容性测试提供大量的 Office 文档：包含大量格式、图片和宏的真实文档（抹去用户信息），包含攻击指令的恶意文档，包含特殊符号与格式"极限"文档（旨在考察排版引擎的健壮性）等。相比提供虚拟化的测试环境，此类服务专注于特定的测试领域，提供了稀缺的专业技能，附加值更高。

以当前的技术发展水平，云测试会在以下两个方面率先展开。

（1）提供测试环境。云测试提供彼此独立的测试环境，测试人员登录之后，运行自己的测试用例。这种服务对平台的要求较低，相关技术也已经成熟。

（2）提供测试运行服务。测试人员编写好测试之后，将其提交给云测试平台，云测试平运行测试并返回测试结果。例如，测试人员编写了一组 Load Runner 测试，他将该组测试与测试用例执行概率、虚拟用户数、网络连接配置等性能测试参数提交给云测试平台。云测试平台将测试部署到多台测试代理（Test Agent）上执行，最后生成性能测试报告。此类服务仍旧基于现有的成熟技术，虽然要集成多种工具，但实现难度不大。

目前，云测试还处于起步阶段，相比廉价硬件+虚拟化的本地测试环境还没有明显的优势。随着云计算服务的发展，云测试也会快速演进。Google Chrome OS 提供 Web API 将绝大多数应用置于云端，那么将一部分测试用例部署在云上也是自然的选择。

小　结

随着新兴互联网技术及概念的出现与发展，软件测试的概念、方法、流程和环境等诸多方面都在发生着改变。

云计算技术的运用推动了云测试的发展。

云测试与传统测试相比，在一些特定方面具有得天独厚的优势。

云计算对软件开发领域具有深远的影响，进而在软件测试领域亦产生了革命性的影响。

习　题

1. 什么是云计算？什么是云测试？试列举可以做云测试的项目。
2. 简述云测试的优势。
3. 阐述云计算对软件测试的影响。

参考文献

[1] [美] Ron Patton 著. 软件测试（第2版）. 张小松，王钰，曹跃等译. 北京：机械工业出版社，2006.

[2] 朱少民. 软件测试方法和技术. 北京：清华大学出版社，2005.

[3] 贺平. 软件测试教程（第二版）. 北京：电子工业出版社，2010.

[4] 曲朝阳，刘志颖. 软件测试技术. 北京：中国水利水电出版社，2006.

[5] 李幸超. 实用软件测试：来自硅谷的技术、经验、心得和实例. 北京：电子工业出版社，2006.

[6] 飞思科技产品研发中心. 实用软件测试方法与应用. 北京：电子工业出版社，2003.

[7] 罗运模等. 软件能力成熟度模型集成（CMMI）. 北京：清华大学出版社，2003.

[8] 赵瑞莲. 软件测试. 北京：高等教育出版社，2004.

[9] 李龙. 软件测试实用技术与常用模板. 北京：机械工业出版社，2010.

[10] 惠特克著，方敏，张胜，钟颂东等译. 探索式软件测试. 北京：清华大学出版社，2010.

[11] 郑文强，马均飞. 软件测试管理. 北京：电子工业出版社，2010.

[12] 秦晓. 软件测试. 北京：科学出版社，2008.

[13] [美]Glenford J. Myers，Tom Badgett，Todd M. Thomas，Corey Sandler 等著. 软件测试的艺术. 王峰，陈杰译. 北京：机械工业出版社，2006.

[14] 陆璐，王柏勇. 软件自动化测试技术. 北京：清华大学出版社；北京交通大学出版社，2006.